中国科学技术大学本科教材出版专项经费支持

一流学科教材
电子信息

计算机程序设计学习实践

实验指导书

COMPUTER PROGRAMMING LEARNING PRACTICE

EXPERIMENTAL INSTRUCTION

王 雷 王百宗 李玉虎 刘 勇 编著

中国科学技术大学出版社

内 容 简 介

作为省级基层示范教研室的教学成果，本书摒弃了传统实验指导书以语法训练为目标、按语法单元组织实验内容的模式，转为以培养程序设计能力和计算思维能力为目标、按程序设计方法进行分层实践的模式。在内容组织上遵循迭代学习的思想，首先列举语法知识要点，然后进行程序填空练习与分层编程练习，最后进行综合练习。本书选用C语言为教学语言，主要内容包括编程工具的安装与使用、结构化编程练习、模块化编程练习、系统级编程练习4个部分。附录列举了3个趣味程序。

本书可作为高等学校理工科专业特别是信息与计算机等相关专业的实验教材，也可作为相关从业人员的自学用书。

图书在版编目(CIP)数据

计算机程序设计学习实践：实验指导书/王雷等编著. —合肥：中国科学技术大学出版社，2022.8(2023.5重印)

(中国科学技术大学一流规划教材)

ISBN 978-7-312-05496-9

Ⅰ. 计… Ⅱ. 王… Ⅲ. 程序设计—高等学校—教学参考资料 Ⅳ. TP311.1

中国版本图书馆CIP数据核字(2022)第120071号

计算机程序设计学习实践：实验指导书

JISUANJI CHENGXU SHEJI XUEXI SHIJIAN：SHIYAN ZHIDAO SHU

出版 中国科学技术大学出版社
安徽省合肥市金寨路96号，230026
http://press.ustc.edu.cn
http://zgkxjsdxcbs.tmall.com

印刷 合肥华苑印刷包装有限公司

发行 中国科学技术大学出版社

开本 787 mm×1092 mm 1/16

印张 14

字数 353千

版次 2022年8月第1版

印次 2023年5月第2次印刷

定价 32.00元

前　言

程序设计的学习需要在实践中进行。长期以来,计算机程序设计课程以语言教学为主,实验内容通常是分别针对主要语法元素进行专门的训练,在最后的阶段才会进行语法综合训练。这种方式的优点是能让学生较为全面地掌握语法规则,缺点则是对语法元素的组合以及程序设计方法的训练很少,而这两点恰恰是学习程序设计的关键之处。

为此,本书对实验内容进行了重构,核心思想是“分层”和“迭代”。“分层”指的是按照程序设计方法划分实验层次,由简单到复杂依次是结构化程序设计、模块化程序设计和系统级编程技术;“迭代”指的是按照难易程度和常用程度拆分语法元素的知识内容,分别在上述层次中由浅入深展示其概念与应用。以循环和数组为例,传统的教学都是将两者分为各自独立的单元进行实践,先练习循环再练习数组。在循环的编程中由于不能使用数组,只能解决非常简单的计算问题,初学者很难体会到循环的真正优点。而到了数组单元,由于练习的重点是数组,通常不会再针对循环的用法进行更多的练习,学生只能在不同类型的实验题中自行体会循环的优点。显然,这种实验编排方式很容易导致学生只能掌握最先接触的语法概念简单的用法,难以领会语法概念与其他概念交互时的精妙之处。而本书进行内容重构的整体思路是“总—分—总”,也就是先通过简单的实验让学生初步了解常用的语法概念,对这些概念有一个粗浅的认识;然后按照体系化的程序设计层次重新组织这些概念,通过越来越复杂的实验题让学生由浅入深理解与掌握语法概念及应用;最后通过规模越来越大的综合实验,练习概念间的关联应用,引导学生学习如何将语法概念通过语法规则组织成完整的程序,而不是只学习语法概念与语法规则本身。

本书是“计算机程序设计”省级基层示范教研室教师共同智慧的结晶。除了编者外,白雪飞、陈凯明、李卫海、凌强、秦琳琳、盛捷、司虎、苏觉、孙广中、谭立湘、唐建、王嵩、吴锋、吴文涛、徐小华、张普华、张四海、赵明、郑重等老师,以及吴敏忠、李磊、李梓宁、袁莘智、梁志伟、李国栋、李康、杜宇、徐式芃、黄治、徐宁、付碧超、杨家豪等研究生,均为本书的成稿作出了贡献。

编　者

2022年6月

目　录

第1章　编程工具的安装与使用

工欲善其事，必先利其器。开始学习程序设计之前先要找到一个好用的编程工具。考虑到本书读者大多是程序设计的初学者，自行在网络上搜索编程工具的安装与使用方法，不仅费时费力，还不一定能成功，本书整理了主流操作系统下最常用的6种C语言编程工具的安装与使用方法，作为第一部分内容。

对编程工具较为熟悉的读者可以略过本部分内容。其余读者可根据如下的说明，针对自己的情况选择合适的编程工具：

(1) 使用Windows操作系统、计算机硬件配置较高(如16 GB及以上内存、128 GB及以上SSD硬盘)的程序设计初学者，建议选择CodeBlocks。

(2) 使用Windows操作系统、计算机硬件配置较低(如8 GB内存、64 GB及以下SSD硬盘)的程序设计初学者，建议选择Dev-C++。

(3) 有一定编程基础且有较丰富的软件安装使用经验的读者，可以选择VS Code或Visual Studio。

(4) 使用Mac OS操作系统的读者，可以选择Xcode。

(5) 有较丰富的操作系统与应用软件使用经验，且喜欢挑战的读者，可以自行安装Linux系统与GCC编译器。

1.1　CodeBlocks

1. 官方网站

https://www.codeblocks.org/。

2. 特点

CodeBlocks是一款开源、跨平台、免费的C、C++和Fortran IDE(Integrated Development Environment，集成开发环境：提供程序开发环境的软件，一般包括代码编辑器、编译器、调试器和图形用户界面等工具)。CodeBlocks的主要特色有：

(1) 开放源代码软件(遵循 GPLv3)[①],任何人都可自由使用。

(2) 跨平台软件,支持在 Linux、Mac、Windows 等操作系统进行开发。

(3) 用 C++ 语言编写而成,无需专有库等。

(4) 可通过插件(Plugins)进行扩展。

3. 编译器(Compiler)

CodeBlocks 支持多种编译器,如 GCC(MinGW/GNU GCC)、MSVC++、Clang 等,能够快速地构建(Build)程序系统(无需 makefile 文件)、支持并行构建(利用多核 CPU)、创建多目标项目(Project)、多项目并存的工作区(Workspace)、工作区中的项目间可依存、支持导入 MSVC 项目和工作区(注意:尚不支持汇编代码)、支持导入 Dev-C++ 项目等。

4. 调试器(Debugger)

CodeBlocks 支持 GNU GDB 和 MS CDB(功能不全)调试器等,同时支持完整的断点(BreakPoints),包括代码断点、数据断点(读、写与读和写)、条件断点(仅当表达式为真时才中断)等。另外可以在调试监视(Watch)窗口显示局部函数符号和参数、支持通过脚本(script)监视用户定义的类型,还可以查看调用堆栈(Call Stack)、汇编代码(Disassembly)、内存空间(以存储器转储方式)、CPU 寄存器(Register)等。

5. 可扩展插件(Extensible Plugins)

CodeBlocks 具有良好的可扩展插件接口,如通过扩展接口实现代码的高亮显示、支持 C/C++/Fortran/XML 等程序文件的代码折叠(Code Folding)、支持标签式界面、代码自动补全(Code Completion)和智能缩进(Smart Indent)等。

6. 下载安装

(1) 在 CodeBlocks 官方网站点击“Downloads”(下载)链接进入下载选择页面,可以直接下载编译过的安装程序包,也可以下载 CodeBlocks 软件的源代码。

(2) 再点击“Download the binary release”(下载二进制版本)进入安装程序包的下载页面。此页面提供了 Windows、Linux、Mac OS 三个不同操作系统的多种版本。需要根据计算机所安装的操作系统选择适合的安装程序包。

(3) 如在 Windows 操作系统中安装 CodeBlocks,可以下载以“.exe”结尾的可执行安装文件,或者下载免安装的以“.zip”结尾的压缩文件。codeblocks-xx.xx[②]-setup.exe 文件是包括所有插件的 64 位安装文件;codeblocks-xx.xxmingw-setup.exe 文件则是包括所有插件且带有编译调试工具 MinGW 的 64 位安装文件,MinGW(只有 32 位版本)/MinGW-w64(包含 32 位与 64 位版本)/TDM-GCC(包含 32 位与 64 位版本)等是 GCC 编译器的 Windows 版本,支持 C、C++ 等编程语言的编译和调试等;codeblocks-xx.xx-nosetup.zip 文件是包括插件的 64 位免安装压缩文件,解压缩后就可以使用 CodeBlocks。codeblocks-xx.xxmingw-nosetup.zip 文件则是包括插件且带有编译调试工具 MinGW 的 64 位免安装

---

① 正文中小括号里的内容含义与其前的内容相同或为类似选择项,下同。

② xx.xx 表示 CodeBlocks 软件的版本编号。

压缩文件。含有“-32bit”的文件则是对应于 32 位的 CodeBlocks 软件。

（4）推荐初学者下载 codeblocks-xx. xxmingw-setup. exe 安装文件。点击安装文件名右侧对应的“FossHUB”或 “Sourceforge. net”下载链接进行下载，如弹出下载提示窗口，可选择默认或其他文件保存位置进行下载。

（5）双击安装文件开始安装 CodeBlocks，完整的步骤如图 1.1～图 1.6 所示。

图 1.1　安装 CodeBlocks 的欢迎界面，点击“Next”进入下一步

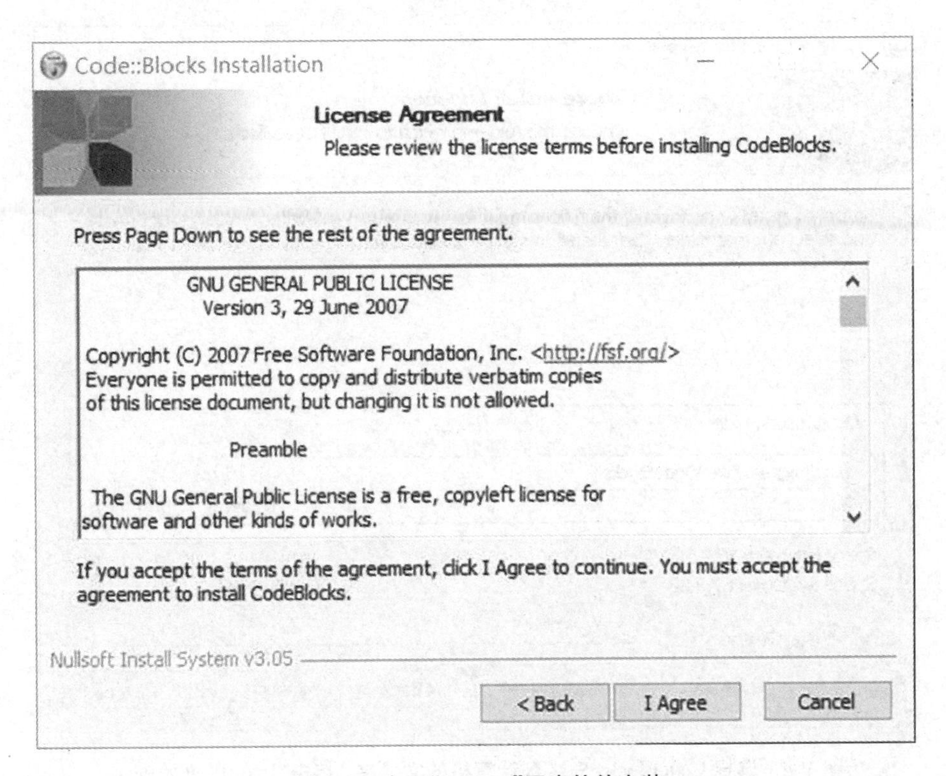

图 1.2　点击“I Agree”同意软件安装

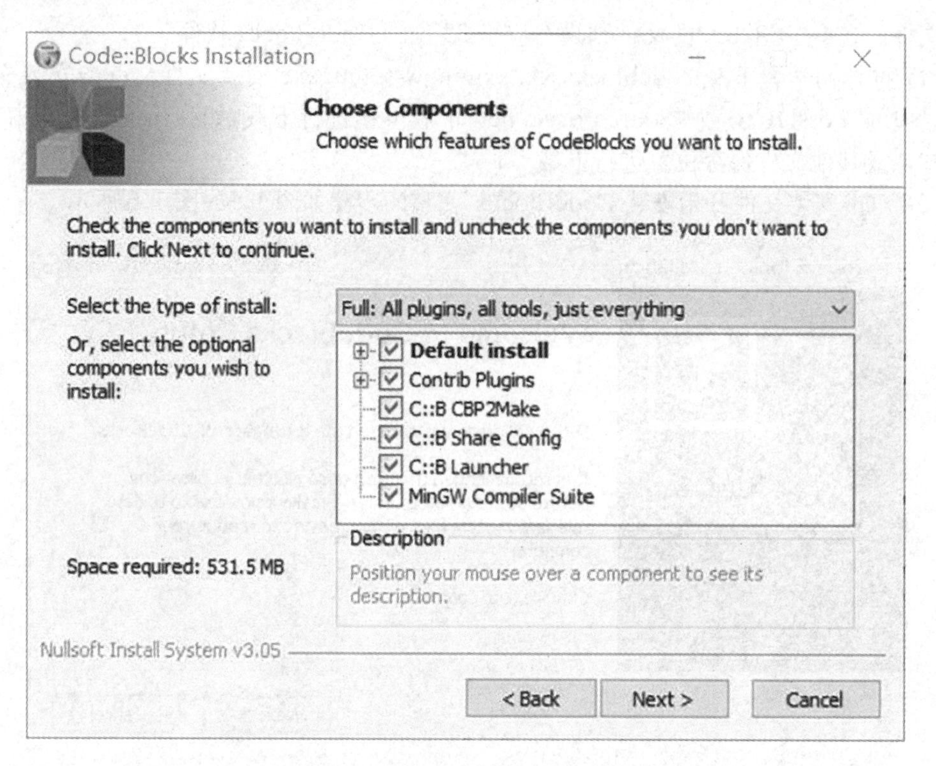

图 1.3　选择 CodeBlocks 软件的安装组件，点击“Next”进入下一步

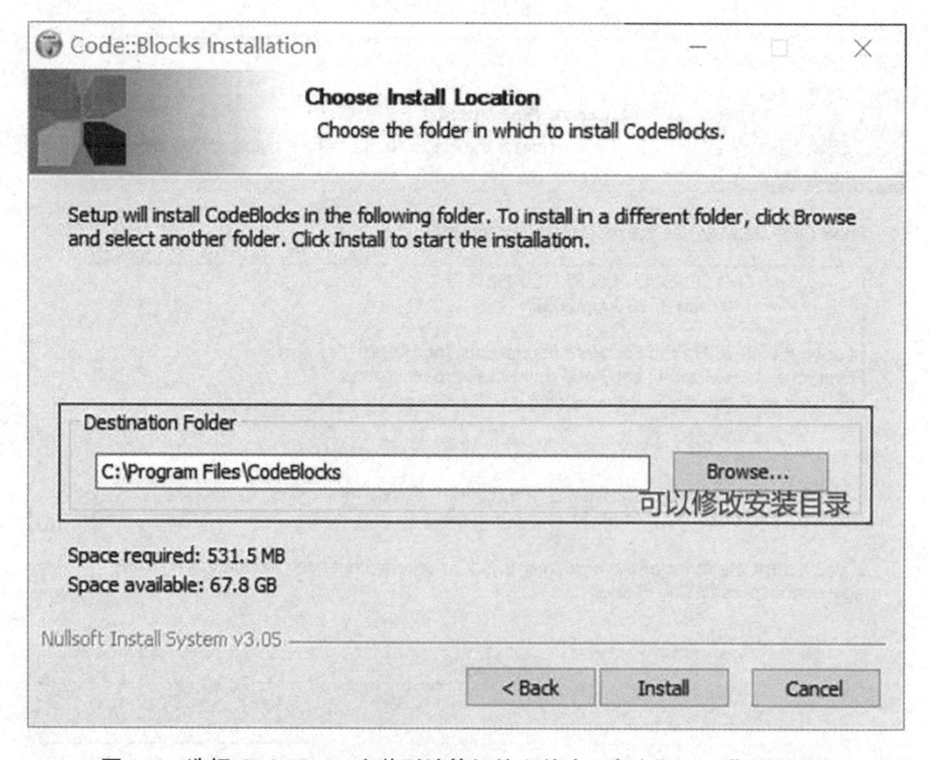

图 1.4　选择 CodeBlocks 安装到计算机的文件夹，点击“Install”开始安装

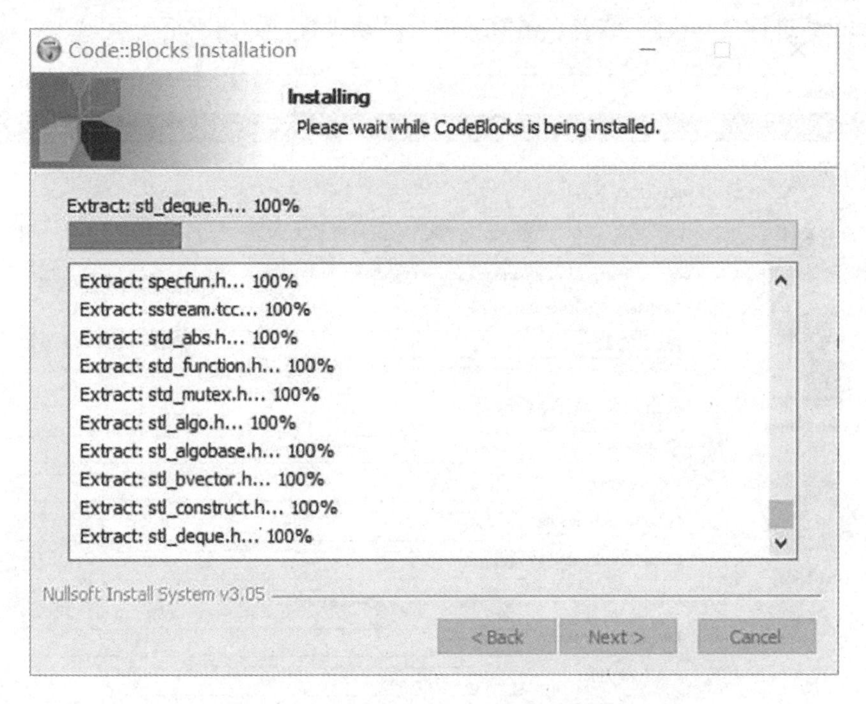

图1.5 CodeBlocks的安装进行中，请等待

图1.6 CodeBlocks安装完成，点击“Finish”完成安装

(6) Linux系统或Mac OS系统下安装CodeBlocks，请下载对应的安装程序，并参考CodeBlocks网站的相关说明及注意事项后进行安装。

7. 基本配置

(1) CodeBlocks初次运行时会自动检测编译器。如果没有安装其他编译器或者带有编译器的其他软件，窗口中只会有“GNU GCC Compiler”高亮显示，选中希望作为默认的编译器，点击右侧的“Set as default”将其设置为默认编译器，点击“OK”按钮进入CodeBlocks主界面。如果没有找到编译器，可以在打开CodeBlocks软件后，点击“Settings”（设置）菜单下的“Compiler...”命令，打开“Compiler settings”（编译器设置）窗口，然后选择窗口左侧的“Global compiler settings”（全局编译器设置），再在右侧点击“Toolchain executables”（可执行工具链），设置“Compiler's installation directory”（编译器所安装的文件夹），可以点击

“Auto-detect”进行自动检测,或者点击“...”进行手动设置。如图 1.7 所示。

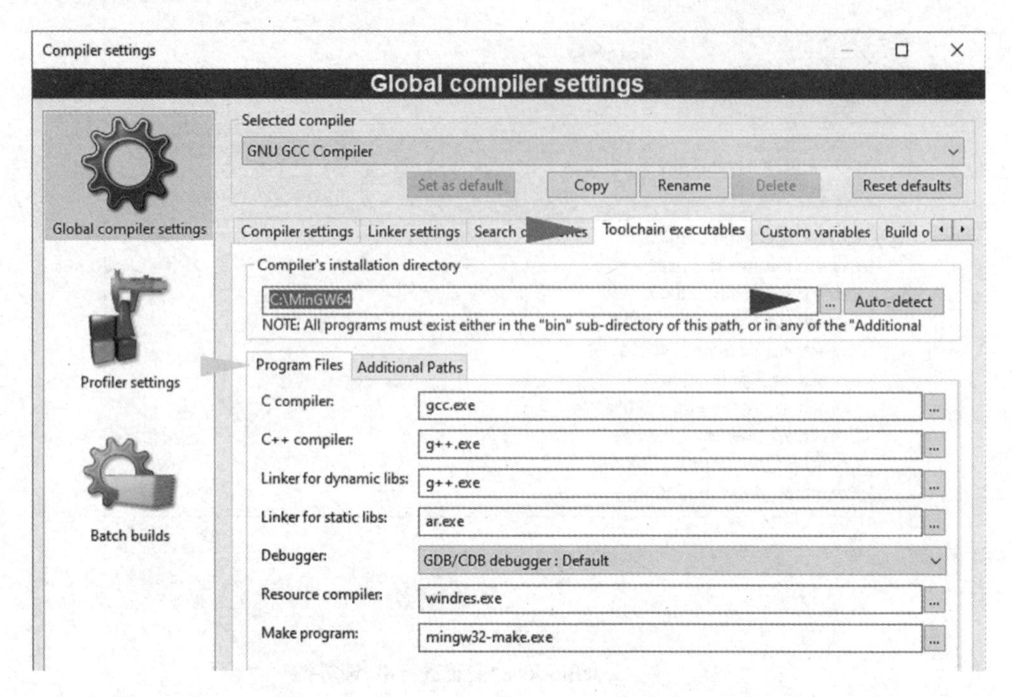

图 1.7 设置 CodeBlocks 的编译器

(2) 设置文件关联(File Association)。在第一次运行软件时弹出的文件关联窗口中,可以选择关联 C/C++程序等。如果选择了关联 C/C++程序,那么在“此计算机”或“计算机”中双击 C/C++程序文件时会自动用 CodeBlocks 打开。后期也可以通过“Settings”(设置)菜单下的“Environment”(环境设置)命令,设置更多的软件参数,如在“General settings”(常规设置)中,点击“Check & set file associations(Windows only)”(检查并设置文件关联)后的“Set now”(立即设置)和“Manage”(管理)按钮进行文件关联的设置等。如图 1.8、图 1.9 所示。

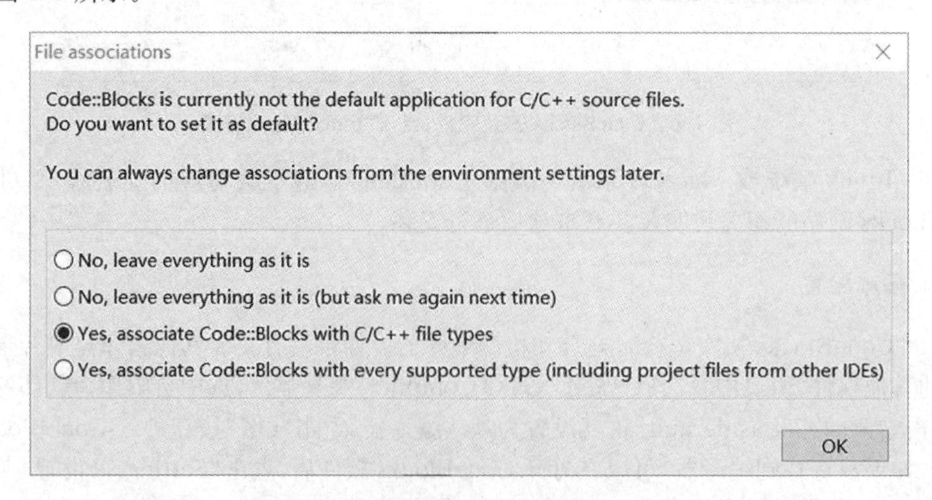

图 1.8 第一次运行 CodeBlocks 软件时选择关联 C/C++ 文件类型

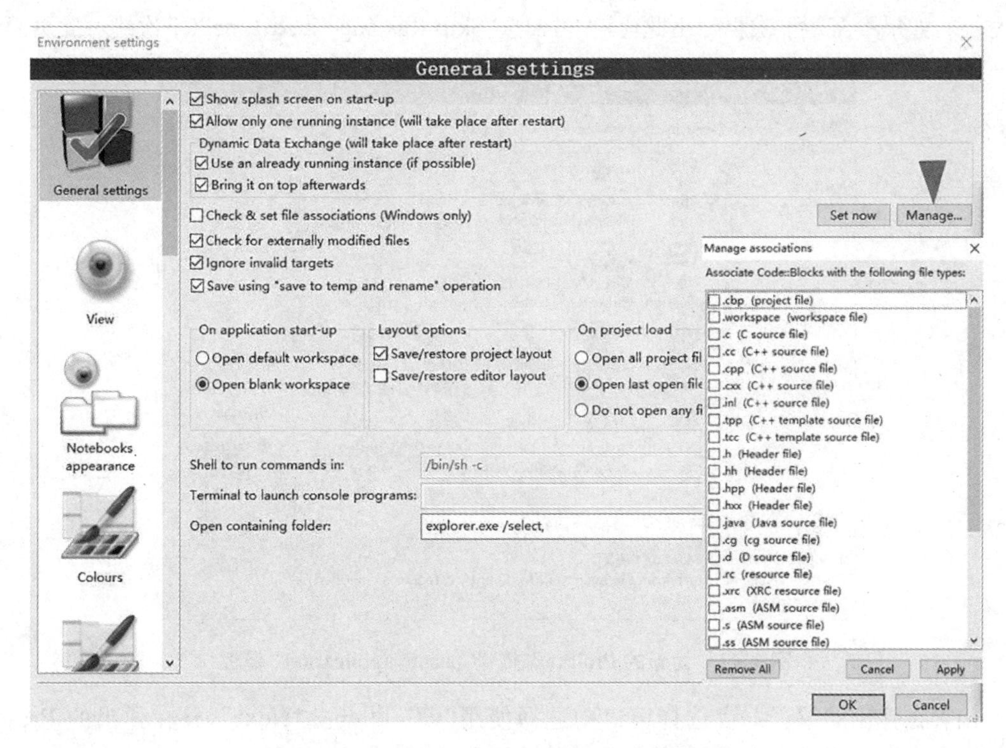

图1.9　CodeBlocks文件关联等更多参数的设置

8. CodeBlocks软件的使用

在正确安装和设置CodeBlocks软件后，下面以“编写C语言程序实现两个数相减的运算，并输出结果”为例来介绍CodeBlocks 20.03软件的使用。

(1) 在CodeBlocks软件界面，依次点击“File”(文件)菜单下的“New”(新建)子菜单里的“Project...”(项目或工程)命令，开始创建一个新的CodeBlocks项目。如图1.10所示。

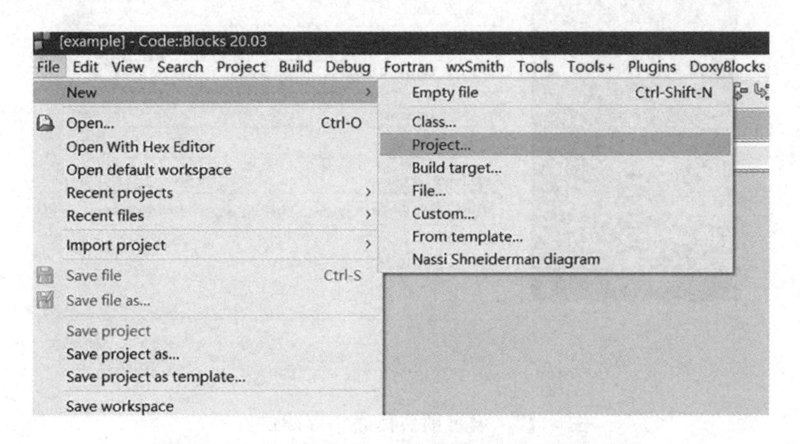

图1.10　在CodeBlocks软件中创建一个Project

(2) 在弹出的“New from template”(从模板新建)窗口中为左边的“Projects”选择“Console application”(控制台应用)模板，点击“Go”(前进)按钮进入“控制台应用”项目的设置。如图1.11所示。在弹出的“欢迎来到新控制台应用向导”窗口中点击“Next”(下一步）按钮，如果不希望下次再弹出此窗口，可勾选“Skip this page next time”（下次跳过此页面）。

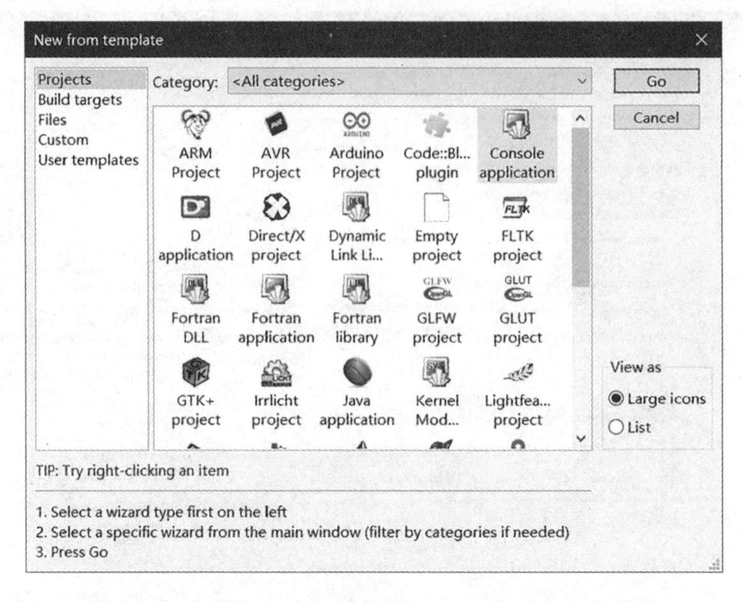

图 1.11 为新的 Project 选择 “Console application” 模板

接着在弹出的编程语言选择窗口中选择使用“C”，再点击“Next”，并在弹出的 Project 设置窗口中输入项目标题，尽可能用有代表意义的字母、数字、符号等组成的名称，如“c_cb_2-sub”。然后设置项目存储在计算机中的文件夹，项目文件名可默认保持与项目标题相同。点击“Next”进入下一步。如图 1.12 所示。

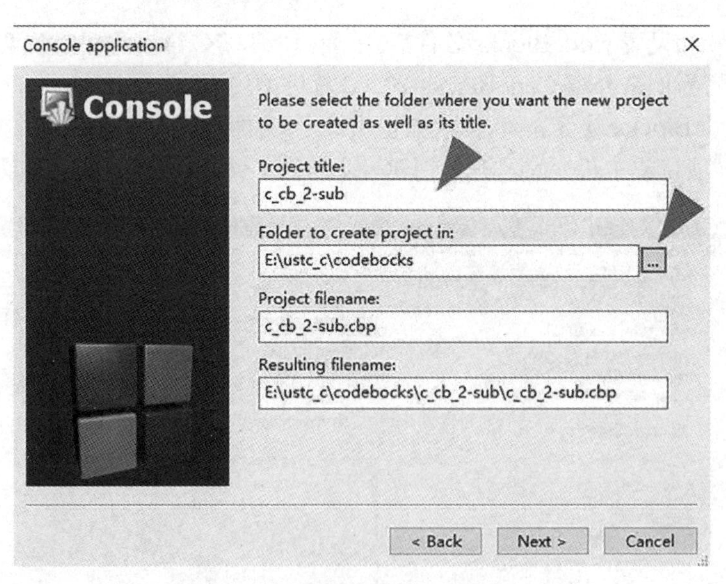

图 1.12 设置项目标题和存储位置等

最后打开的是编译器选择和项目配置窗口。如果安装了多个编译器，在此窗口，可以选择编译器的类型，如果只有一个编译器，并在安装 CodeBlocks 时进行了设置，这里保持默认即可。至于项目版本配置（即创建“Debug”可调试版本和“Release”发行版配置），一般保持默认设置即可。点击“Finish”按钮实现创建一个新的 CodeBlocks 项目进行 C 程序的开发。

如图1.13所示。

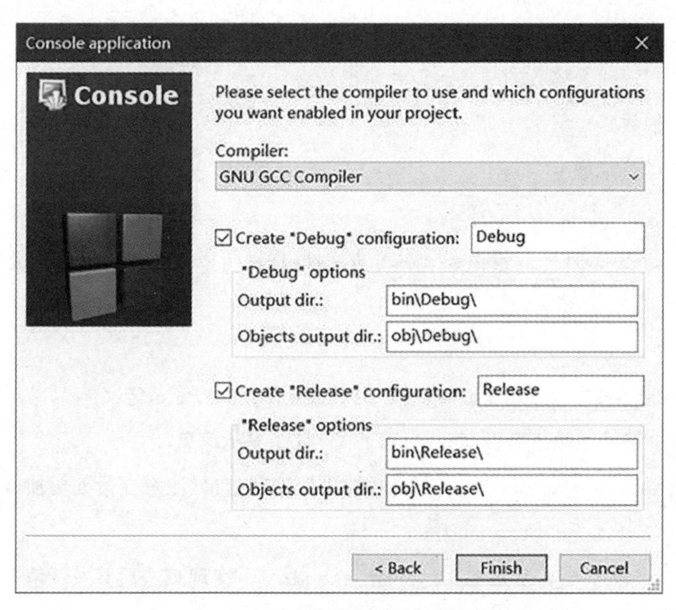

图1.13 编译器的选择和项目版本配置

(3) 在CodeBlocks软件界面左侧的"Management"(管理)窗口(如果没有显示,可以点击"View"菜单下的"Manager"进行显示)左侧,点击"Project"标签页,再在"Workspace"下展开新项目(点击项目名等左侧的⊞可展开、⊟可合拢),鼠标左键双击"Sources"下的"main.c"文件,打开主代码编辑窗口,如图1.14所示。main.c文件中默认添加了C程序的模板,可以直接点击"Build"菜单下的"Build and run"命令进行构建和运行,即打印一串字符"Hello world!";默认的代码功能简单,一般还需根据新的设计要求对模板代码进行删除或修改。

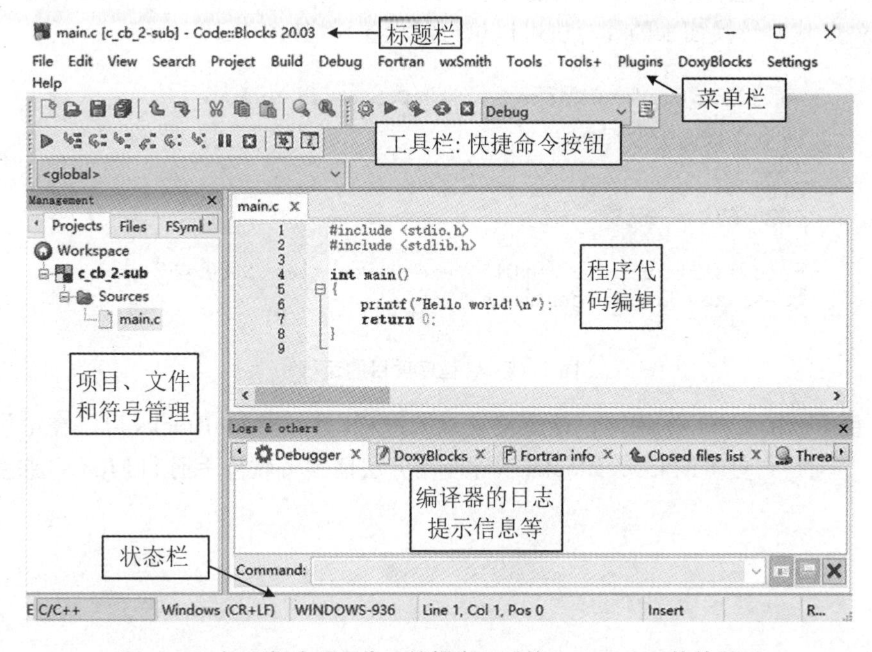

图1.14 打开新建项目代码编辑窗口后的CodeBlocks软件界面

用如下“实现两个整数的减法运算并输出结果”的代码替换默认的C程序模板代码。

```
01  /*
02  * 程序功能:实现两个整数的减法运算并输出结果
03  * 输入:两个整数
04  * 输出:减法运算结果
05  */
06  #include <stdio.h>  //包含 stdio.h 头文件,保证可以使用输入输出等函数
07  int main()
08  {
09      int i_minuend, i_subtrahend, i_difference;  //变量定义
10      printf("请输入被减数及减数:\n");  //打印提示信息
11      scanf("%d",&i_minuend);  //通过输入数据到变量,注意变量前要加 & 符号
12      scanf("%d",&i_subtrahend);
13      i_difference= i_minuend - i_subtrahend;  //实现减法运算及赋值
14      printf("%d - %d= %d\n", i_minuend ,i_subtrahend,i_difference);  //打印运算结果
15      return 0;  //函数返回值
16  }
```

注意示例程序每行前的数字是排版时添加的行号,不是C程序本身的组成部分,下同。

(4) 点击“Build”菜单下的“Build”(也可以点击快捷工具栏图标,或者按Ctrl+F9快捷键),对当前项目进行构建(编译与链接,即从源代码生成可执行文件)。如果软件窗口下方的“Logs & Others”中的“Build Log”(构建日志)或“Build messages”(构建信息)标签页没有错误和警告提示信息,则表明程序语法正确,可以点击“Build”菜单下的“Run”命令运行当前的项目(从C代码转换而来的计算机可以执行的程序)。如图1.15所示。

```
E:\ustc_c\codebocks\c_cb_2-sub\bin\Debug\c_cb_2-sub.exe
请输入被减数及减数:
123
678
123 - 678 = -555

Process returned 0 (0x0)   execution time : 30.453 s
Press any key to continue.
```

图1.15 C程序项目的运行

(5) 更多新的C/C++程序设计请重复以上过程,另外CodeBlocks可以在工作区中同时管理多个项目。更多的CodeBlocks软件使用方法请参考软件手册和MOOC课程等。

1.2　Visual Studio Code

1. 官方网站

https://code.visualstudio.com/。

2. 特点

Visual Studio Code（简称 VS Code 或 VSC）是一款开源、跨平台、免费的现代化轻量级源代码编辑器，VS Code 的主要特点有：

（1）支持主流计算机开发语言的语法高亮、智能代码补全、自定义热键、括号匹配等。

（2）内置命令行工具和 Git 版本控制。

（3）支持插件扩展，支持更多的语言与功能，并针对网页和云端应用开发做了优化。

（4）可在 Windows、Mac OS 以及 Linux 平台使用。

（5）基于 TypeScript 和 Electron 框架构建。

3. 下载 VS Code

在官方网站上点击"Download for Windows(Stable Build)"后面向下的箭头，可以下载 64 位的用户安装版 VS Code。或者点击右上角的"Download"打开更多版本（64 位或 32 位、用户或系统安装版本等）的 VS Code 下载页面。其中用户安装版与系统安装版的主要区别是安装到计算机中的文件夹不同。

（1）在 Linux 系统中安装 VS Code 并为 C/C++ 语言配置使用 GCC 编译器和 GDB 调试器（GCC 代表 GNU 编译器集合，GDB 是 GNU 调试器）的方法，请参考 https://code.visualstudio.com/docs/cpp/config-linux。

（2）在 Mac OS 系统中安装 VS Code 并为 C/C++ 语言配置使用 Clang/LLVM 编译和调试器的方法，请参考 https://code.visualstudio.com/docs/cpp/config-clang-mac。

（3）在 Windows 系统中安装 VS Code 并为 C/C++ 语言配置使用 Microsoft Visual C++ 编译和调试器的方法，请参考 https://code.visualstudio.com/docs/cpp/config-msvc。

4. 在 Windows 系统中安装 VS Code

下面以 Windows 操作系统为例，介绍 VS Code 及其中文显示扩展的安装步骤。

（1）下载 Visual Studio Code Windows x64 Stable 版本，双击下载后的 VS Code 安装文件名（如 VSCodeSetup-x64-1.63.2.exe），运行安装程序，依次同意"许可协议"并点击"下一步"、选择"安装到计算机中的位置"（可保留默认位置）并点击"下一步"、默认"开始菜单文件夹"后点击"下一步"、选择"附加任务"（可以保持默认选择或勾选"创建桌面快捷方式"）后点击"下一步"，最后在"准备安装"界面点击安装。

(2) 安装结束后,可以选择"运行 Visual Studio Code",或双击桌面上的 Visual Studio Code 图标,也可以点击"开始"菜单里的 Visual Studio Code 图标,运行 Visual Studio Code 软件。在第一次打开 VS Code 软件界面后可以根据右下角的提示信息安装中文显示并使用,如图 1.16 所示。也可以点击左侧活动栏上的"Extensions"(扩展)图标(或点击左下角的"Manage"图标后再点击"Extensions",或按 Ctrl + Shift + x 快捷键),在展开的扩展列表中搜索"Chinese",并在搜索结果里选择"Chinese (Simplified) Language Pack for Visual Studio Code"简体中文的扩展包,如图 1.17 所示,并点击"Install"(安装)或在右侧扩展详情显示页面中点击"Install"完成 VS Code 中文语言本地化界面的安装,在重启 VS Code 后,其界面就本地化为中文显示了。如要切换回英文界面,可卸载或者在工作区中停用此扩展程序后并重启 VS Code 即可。

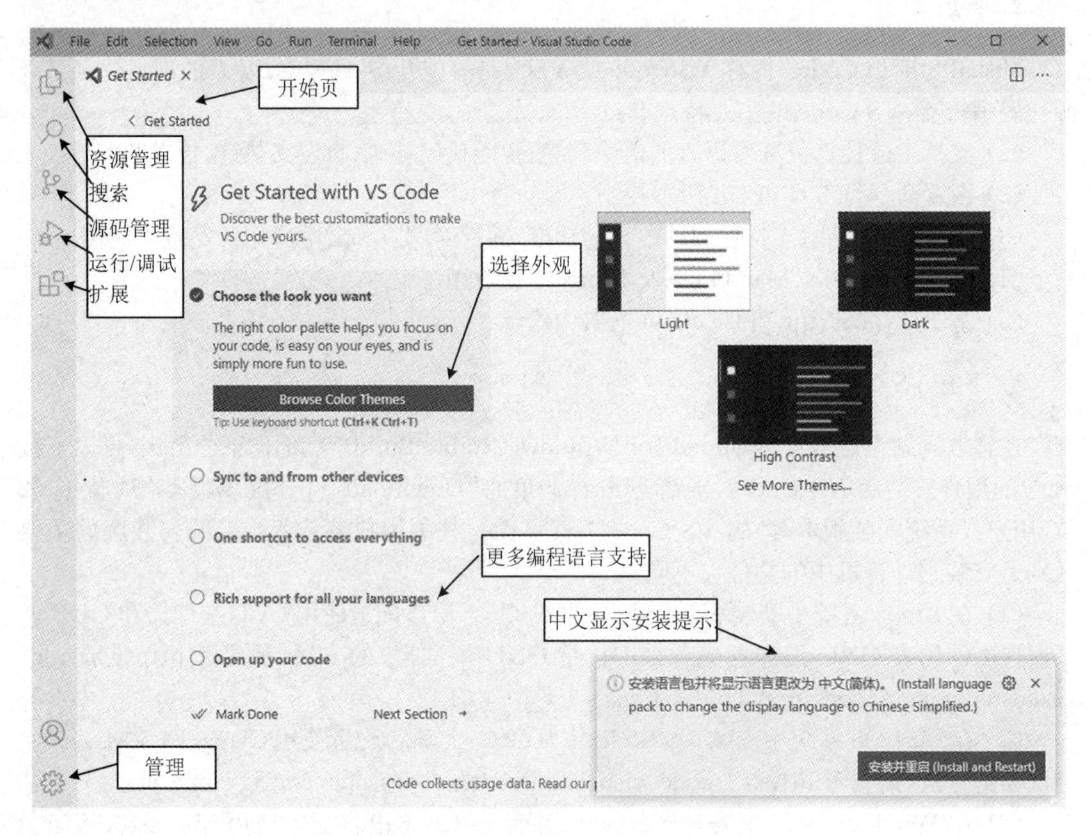

图 1.16 Visual Studio Code 软件界面

图 1.17 通过扩展安装中文显示

5. 为 Windows 系统下的 VS Code 配置"Microsoft C /C++"编译调试环境

(1) 按照上一步的方法安装 VS Code。

(2) 为 VS Code 安装 C/C++ 扩展：打开 VS Code，点击其左侧活动栏上的"Extensions"(扩展)图标或按 Ctrl + Shift + x 快捷键并搜索关键词"cpptools"或者"C++"，点选"C/C++"，如图 1.18 所示，在右侧扩展详情显示页面中点击"Install"，完成"C/C++"扩展的安装。此扩展只是在编写 C/C++ 代码时，提供代码语法高亮、智能补全、错误检查和代码浏览等功能。如只是简单地编译和运行 C/C++ 程序，安装"Code Runner"扩展即可。如果还要调试 C/C++ 程序，就要安装专门的编译和调试器，如 Microsoft C++、MinGW-w64、TDM-GCC 等。

图 1.18　安装 C/C++ 扩展

(3) 安装 Microsoft Visual C++(MSVC)编译器工具集：如果已经安装了支持 C++ 的 Visual Studio 社区版、专业版或企业版就自带了 MSVC 编译器工具集；如果没有安装，可以通过 Visual Studio 的安装程序来安装 MSVC 编译器工具集，也可以通过下载"Visual Studio 生成工具"安装"使用 C++ 的桌面开发"的工作负荷来安装 MSVC 编译器工具集，以避免安装完整庞大的 Visual Studio。注意：需要有效的许可，才能使用 MSVC 编译器工具集。这里使用的是单位正版 Visual Studio 企业版 2017。

(4) 检查 Visual C++ 的安装：在"开始"菜单找到"Visual Studio"的菜单文件夹并展开，点击"VS 2017 的开发人员命令提示符"，在打开的命令窗口输入"cl"命令并回车，可以看到 C++ 编译器的版本、版权以及"cl.exe"命令的基本用法，如图 1.19 所示。

(5) 创建项目文件夹，并添加源文件：

① 在"VS 2017 的开发人员命令提示符"窗口切换到程序设计的工作路径下。如输入"E:"并回车切换到 E 盘，再输入"cd ustc_c"并回车切换到 E:\ustc_c 文件夹(注意：在切换前，盘或文件夹必须存在)。然后输入"mkdir vscode_c"命令并回车新建文件夹"vscode_c"，再到"vscode_c"文件夹里新建"helloworld"项目文件夹(如图 1.20 所示)，最后到"helloworld"文件夹下输入"code ."命令并回车打开 VS Code，即让文件夹"E:\ustc_c\vscode_c\helloworld"成为 VS Code 项目"Hello World"的当前工作文件夹。在打开 VS

Code 时勾选信任上层文件夹的作者并点击“是的,我信任作者…”。

图 1.19　检查 Visual C++ 的安装

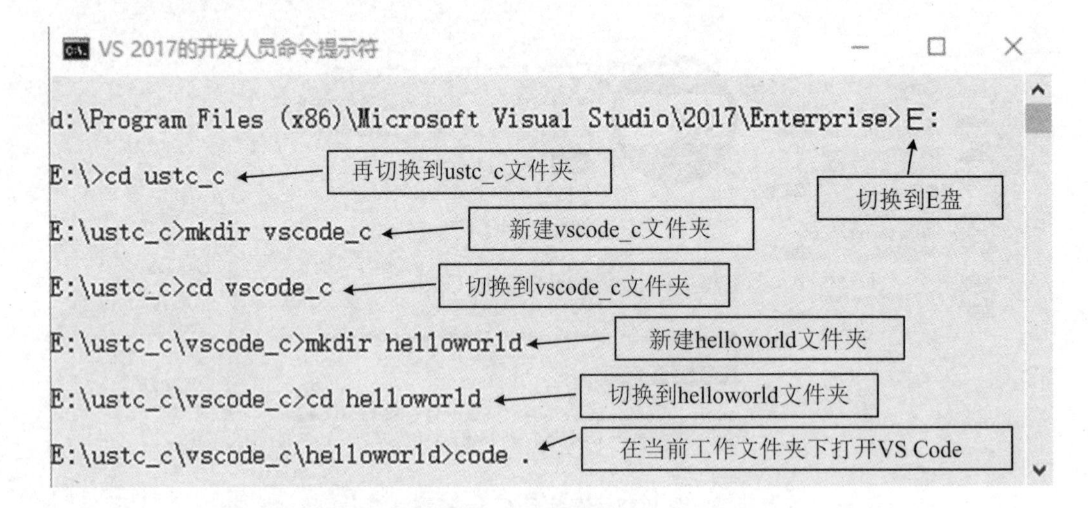

图 1.20　切换到新创建的项目工作文件夹并打开 VS Code

② 添加一个源文件到当前项目:在资源管理器的项目名一栏点击“New File”新建一个项目源文件(如图 1.21 所示),并命名为“helloworld.c”后回车。在工作区打开的“helloworld.c”文件里输入以下 C 程序代码:

图 1.21　添加源文件到项目

```
01  #include <stdio.h>
02  int main()  //打印字符串
03  {
04      int i,j;  //定义变量
05      char str[]= "Hello World";  //定义字符数组
06      for(i= 0;str[i]! = 0;i++ )  //循环次数是字符串长度
07      {
08          for(j= 0;j< i;j++ )printf(" ");  //补空格
09          printf("%s\n",&str[i]);  //每次少打印一个字符
10      }
11      return 0;
12  }
```

按 Ctrl + s 快捷键保存以上输入的 C 代码。

③ 体验智能感知(IntelliSense):将鼠标指针移动到变量或字符串等上方,可以看到其类型等信息。

(6) 构建(Build)"helloworld. c"(配置默认生成任务):在 VS Code 界面,点击"Terminal"(终端)菜单下的"Configure Default Build Task"(配置默认生成任务)命令,在弹出的任务下拉列表里,列出了 C/C++ 编译器的各种预定义的构建任务。选择"C/C++ :cl. exe build active file"(C/C++ :cl. exe 生成活动文件),来构建编辑器中当前显示(活动)的文件。这时会自动创建"tasks. json"文件并存储在". vscode"文件夹,同时在编辑器中打开此文件,其内容如下:

```
01  {
02      "version": "2.0.0",
03      "tasks": [
04        {
05          "type": "cppbuild",
06          "label": "C/C++: cl.exe 生成活动文件",
07          "command": "cl.exe",
08          "args": [
09              "/Zi",
10              "/EHsc",
11              "/nologo",
12              "/Fe:",
13              "${fileDirname}\\${fileBasenameNoExtension}.exe",
14              "${file}"
15          ],
```

```
16            "options": {
17                "cwd": "${fileDirname}"
18            },
19            "problemMatcher": [
20                "$msCompile"
21            ],
22            "group": {
23                "kind": "build",
24                "isDefault": true
25            },
26            "detail": "编译器: cl.exe"
27        }
28    ]
29 }
```

在“tasks. json”文件中:

“label”后的内容只是提示用的标签,可以根据个人喜好进行设置。“command”后指定了要运行的程序,这里是 MSVC 的编译程序“cl. exe”。“args”后指定了传递给“cl. exe”的参数,这些参数需要按编译器要求的顺序进行设置。此任务告诉编译器对活动的文件(${file})进行编译(用“command”后的程序和“args”后的参数进行编译),并在当前文件夹(${fileDirname})下创建一个扩展名为 exe、文件名与源代码文件名相同的可执行文件(${fileBasenameNoExtension}. exe),这里即“helloworld. exe”。“group”下的“isDefault”设置为 true,意味着可以通过 Ctrl + Shift + b 快捷键来执行此任务;如果设置为 false,则只能通过点击“Terminal”菜单下的“Run Build Task”命令来生成可执行文件。

(7) 执行构建(Running the Build)任务:

① 回到“helloworld. c”,使其成为当前活动的文件,即点击浏览器中或主窗口上方的文件名。

② 执行“tasks. json”中定义的任务:按 Ctrl + Shift + b 快捷键或点击“Terminal”(终端)菜单下的“Run Build Task”命令。

③ 执行任务后,可以在 VS Code 下方的“Terminal”面板看到编译信息,如编译成功或失败、错误和警告信息等,如图 1.22 所示。

④ 点击 VS Code 下方面板上的“+”或点击“Terminal”菜单里的“New Terminal”命令打开一个新的终端,且处于当前工作的文件夹。输入“dir”命令可以看到生成的可执行文件“helloworld. exe”。输入“. \helloworld. exe”(输入前几个字符后可以按 Tab 键进行自动补全),运行构建的 C 程序,其运行结果如图 1.23 所示。

⑤ 也可以在 Windows 系统的 CMD 窗口或 PowerShell 窗口运行构建后的程序。

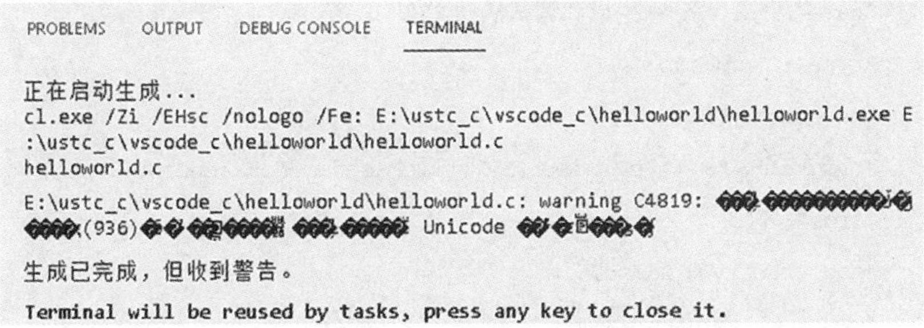

```
PROBLEMS    OUTPUT    DEBUG CONSOLE    TERMINAL

正在启动生成...
cl.exe /Zi /EHsc /nologo /Fe: E:\ustc_c\vscode_c\helloworld\helloworld.exe E
:\ustc_c\vscode_c\helloworld\helloworld.c
helloworld.c

E:\ustc_c\vscode_c\helloworld\helloworld.c: warning C4819: ������������
����(936)�������� ������ Unicode �������

生成已完成，但收到警告。

Terminal will be reused by tasks, press any key to close it.
```

图 1.22　查看编译信息

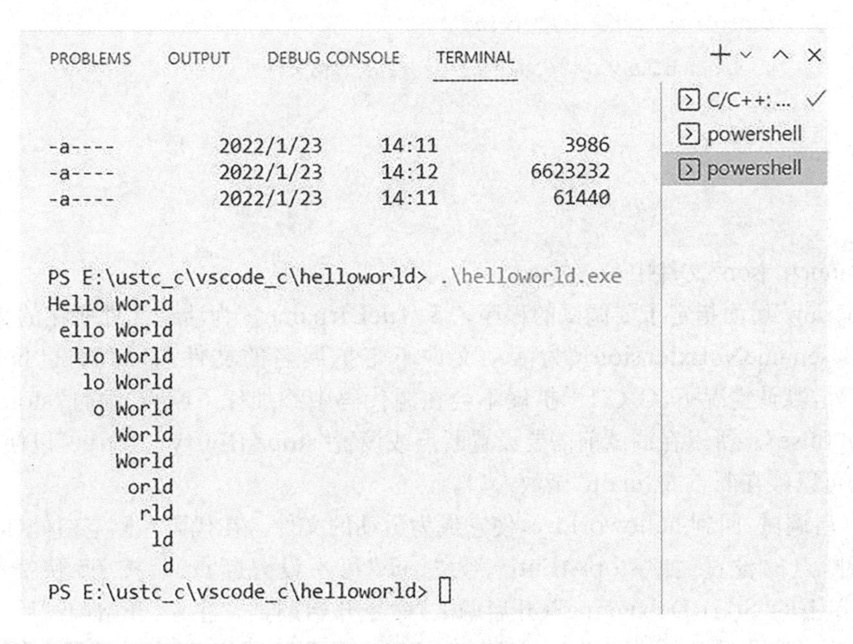

图 1.23　运行程序

(8) 修改“tasks. json”：可以修改“tasks. json”文件，用“ ${workspaceFolder}\\ * . c”代替“ ${file}”来编译当前文件夹下的多个 C 文件。也可以修改“ ${fileDirname}\\ ${fileBasenameNoExtension}. exe”为固定的执行文件，如“ ${workspaceFolder}\\ myProgram. exe”。

(9) 调试“helloworld. c”程序：

① 在 VS Code 界面，点击“Run”(运行)菜单下的“Add Configure”(添加配置)命令，在弹出的下拉列表里，选择“C ++ (Windows)”。在接下来的各种预定义调试配置列表中，选择“cl. exe build and debug active file”(cl. exe 生成和调试活动文件)。这时 VS Code 会自动创建“launch. json”文件并存储在“. vscode”文件夹，同时在编辑器中打开此文件，其内容如下：

```
01  {
02      "version": "0.2.0",
03      "configurations": [
04      {
```

```
05          "name": "cl.exe - 生成和调试活动文件",
06          "type": "cppvsdbg",
07          "request": "launch",
08          "program": "${fileDirname}\\${fileBasenameNoExtension}.exe",
09          "args": [],
10          "stopAtEntry": false,
11          "cwd": "${fileDirname}",
12          "environment": [],
13          "console": "externalTerminal",
14          "preLaunchTask": "C/C++: cl.exe 生成活动文件"
15        }
16      ]
17    }
```

在“launch.json”文件中:

“program”后面指定了要调试的程序,“${fileDirname}”为活动文件所在的文件夹,而“${fileBasenameNoExtension}”为活动文件不带扩展名的文件名,即调试“helloworld.exe”。另外,默认情况下,C/C++扩展不会在源代码中添加任一断点,而且“stopAtEntry”又设置为“false”。所以在调试前需要设置断点或设置“stopAtEntry”为“true”以便调试开始后调试器可以停在断点或“main”函数入口。

② 开启调试:回到 helloworld.c,使它成为活动的文件。在代码左侧空白处(即行号前)点击进行断点的设置(如“stopAtEntry”为“true”可不设置断点)。按 F5 快捷键或点击“Run”菜单下的“Start Debugging”(开启调试)命令开始调试。注意:开始调试后,VS Code 的界面发生了变化,在下方的“Debug Console”里显示调试器信息,在编辑器左侧多了变量(Variables)和查看(Watch)小窗等,在上方出现了调试控制条,在源代码的第一个断点或程序入口处出现高亮显示等。

③ 调试控制:点击调试工具条上或“Run”菜单下的调试控制命令进行程序调试,如“Step Over”命令一次执行一行代码且遇到函数调用不进入函数内部,“Step Into”命令一次执行一行代码且遇到函数调用会进入函数内部,在调用的函数内部执行“Step Out”命令会跳出函数、“Continue”命令会继续执行到下一个断点等。

④ 查看调试信息:在终端或命令窗口查看程序执行的输出,在 VS Code 左侧的变量和查看小窗中查看变量值与添加到查看小窗中的变量或表达式的值等。在查看小窗点击鼠标右键可以添加表达式等到查看小窗,也可以在源代码中选择要查看的内容后点击鼠标右键,在弹出的菜单里选择“Add to Watch”添加到查看小窗。在源代码中将鼠标指针移到相应的对象上,也可以查看此时对象的值等。

⑤ 点击调试工具条上的“Stop”或“Run”菜单下的“Stop Debugging”命令结束程序调试。

(10) 在当前文件夹,或在工作区以及子文件夹里新建的子文件夹中添加新的 C 文件代码时,可以直接编译、运行与调试,而不用再新生成“tasks.json”和“launch.json”文件。

(11) 更多的 VS Code 与 MSVC 组合的使用方法请参考软件使用手册和 MOOC 课程等。

6. 为 Windows 系统下的 VS Code 配置“GCC/GDB”编译调试环境

(1) 安装 VS Code(参考本节中的“在 Windows 系统安装 VS Code”)编辑器。

(2) 打开 VS Code,安装 C/C++扩展(安装方法见上一节)以增强 C/C++代码的编写功能与体验。

(3) 安装与配置 Windows 系统下的 GCC/GDB 编译器和调试器。

① Windows 系统中,源于 GCC 的 C/C++编译器和调试器主要有 MinGW(官网: https://osdn.net/projects/mingw/)、MinGW-w64(官网: https://www.mingw-w64.org/)、TDM-GCC(官网: https://jmeubank.github.io/tdm-gcc/)等。因 MinGW 只有 32 位版本,而 MinGW-w64 和 TDM-GCC 既有 32 位版本也有 64 位版本,所以在 Windows 系统中常用 MinGW-w64 和 TDM-GCC 作为 C/C++的编译器和调试器。

② 如果系统中已经安装了带有 MinGW-w64 或 TDM-GCC 编译调试环境的软件,如 CodeBlocks、Dev-C++等,可以跳过接下来编译调试环境的安装。下面以 MinGW-w64 为例来介绍 Windows 系统中 C/C++编译和调试环境的安装过程。到官网 https://www.mingw-w64.org/downloads/下载 MinGW-w64,推荐下载 MSYS2(官网: https://www.msys2.org/)或 MingW-W64-builds 版本的 MinGW-w64。下载对应于系统(32 位或 64 位 Windows 系统等)的安装文件后运行,按照提示即可完成安装。注意:安装 MinGW-w64 的文件夹名称不要有汉字、空格、特殊字符等。如果选择 MSYS2,则 MSYS2 安装完成后要运行,即勾选“Run MSYS2 64bit now”或点击“开始”菜单下的“MSYS2 MSYS”命令,然后再在“MSYS2”窗口分别输入“pacman-Syu”和“pacman-Su”命令并回车以更新“MSYS2”,输入“pacman-S--needed base-devel mingw-w64-x86_64-toolchain”命令并回车再回车以安装所有的 MinGW-w64 工具。假设“MSYS2”安装到“D:\msys64”文件夹里,那么“MinGW-w64”工具就在“D:\msys64\mingw64\bin”文件夹里。如果选择 MingW W64-builds 版本的 MinGW-w64 通过“mingw-w64-install.exe”安装程序安装,则需要选择 GCC 的版本为最高、架构为“x86_64”、接口协议为“win32”、异常处理为“seh”,然后选择安装文件夹并完成安装。假设安装文件夹为“D:\mgw64b”,那么“MinGW-w64”工具就在“D:\mgw64b\mingw64\bin”文件夹里。

③ 配置 Windows 系统的环境变量:在 Windows“开始”菜单的搜索栏输入“环境变量”进行搜索,点击搜索结果中的“编辑系统环境变量”,在打开的“系统属性”对话框中点击“高级”标签页右下角的“环境变量”,再在打开的“环境变量”对话框中点选“系统变量”部分“变量”为“Path”的一栏后点击下方的“编辑”按钮。然后将“MinGW-w64”工具所在的文件夹完整路径添加到“Path”里。如在 Windows 10 系统中,可以点击“新建”为“Path”添加一个新路径,再点击“浏览”找到 MinGW-w64 安装路径(如“D:\msys64\mingw64\bin”),最后依次点击“确定”,关闭各窗口,完成系统变量的设置。

④ 检查 MinGW-w64 的安装配置:按 win+r 快捷键,输入“cmd”命令并回车,打开命令行运行窗口(或者在新打开的 VS Code 的 Terminal 窗口),输入“gcc --version”“g++--version”“gdb --version”等命令并回车,如果显示 gcc、g++和 gdb 的版本信息和版权信息,则说明 MinGW-w64 的安装配置已经成功。

(4) 创建 VS Code 的项目文件夹(工作区),并添加源文件(有别于命令行的方式)。

① 选择工作区:打开 VS Code,点击“File”菜单下的“Open Folder”命令(或按 Ctrl+o 快捷键),在打开的“Open Folder”对话框中找到存放项目文件的文件夹,或点击鼠标右键创建新的项目文件夹,如“E:\ustc_c\vsc_c”,并选择。此文件夹作为 VS Code 项目的工作区。打开文件夹时,如果有信任提示,请勾选“信任上层文件夹的作者”并点击“是的,我信任作者…”。

② 为工作区添加项目子文件夹:在 VS Code 资源管理器中,将鼠标指针移动到工作区名称一栏(如图 1.24 所示),点击“New Folder”新建一个项目文件夹,并命名为“sum_nn”后回车。

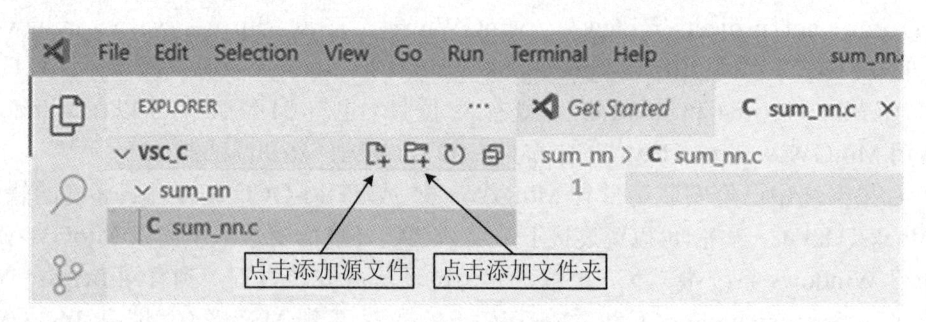

图 1.24 为工作区添加文件夹和源文件

③ 添加一个源文件到当前文件夹:点选刚刚创建的子文件夹“sum_nn”,在资源管理器的工作区一栏再点击“New File”新建一个项目源文件,并命名为“sum_nn.c”后回车,如图 1.24 所示。在工作区打开的“sum_nn.c”文件编辑界面输入以下 C 程序代码:

```
01  #include <stdio.h>
02  int main()  //计算连续多个自然数的和
03  {
04      int m,n,i,s=0;  //定义 int 变量 m,n 和 i
05      printf("请输入起始自然数:");
06      scanf("%d",&m);  //从键盘输入一个整数给变量 m
07      printf("请输入终止自然数:");
08      scanf("%d",&n);  //从键盘输入一个整数给变量 n
09      for(i=m;i<=n;i++)
10        s+=i;  //方法 1:计算 m~n 的和
11      printf("\n 方法 1:从 m 到 n 的自然数之和为:%d\n",s);
12      s=(m+n)*(n-m+1)/2;  //方法 2:计算 m~n 的和
13      printf("\n 方法 2:从 m 到 n 的自然数之和为:%d\n",s);
14      return 0;
15  }
```

按 Ctrl+s 快捷键保存以上的代码。

④ 体验智能感知(IntelliSense):将鼠标指针移动到变量或字符串等上方,可以看到其

类型等信息。

(5) 构建(Build)“sum_nn.c”(配置默认生成任务):在 VS Code 界面,点击“Terminal”(终端)菜单下的“Configure Default Build Task”(配置默认生成任务)命令,在弹出的任务下拉列表里,列出了 C/C++编译器的各种预定义的构建任务。选择“C/C++:gcc.exe build active file”(C/C++:gcc.exe 生成活动文件),来构建编辑器中当前显示(活动)的文件。这时会自动创建“tasks.json”文件并存储在“.vscode”文件夹,同时在编辑器中打开此文件,其内容如下:

```
01  {
02      "version": "2.0.0",
03      "tasks": [
04        {
05          "type": "cppbuild",
06          "label": "C/C++: gcc.exe 生成活动文件",
07          "command": "D:\\msys64\\mingw64\\bin\\gcc.exe",
08          "args": [
09              "-fdiagnostics-color=always",
10              "-g",
11              "${file}",
12              "-o",
13              "${fileDirname}\\${fileBasenameNoExtension}.exe"
14          ],
15          "options": {
16              "cwd": "${fileDirname}"
17          },
18          "problemMatcher": [
19              "$gcc"
20          ],
21          "group": {
22              "kind": "build",
23              "isDefault": true
24          },
25          "detail": "编译器: D:\\msys64\\mingw64\\bin\\gcc.exe"
26        }
27      ]
28  }
```

在“tasks.json”文件中:

“label”后的内容只是提示用的标签,可以根据个人喜好进行设置。“command”后指定了要运行的程序，这里是 MinGW-w64 的 C 语言编译程序“gcc.exe”。“args”后指定了传递给“gcc.exe”的参数，这些参数需要按编译器要求的顺序进行设置。此任务告诉编译器对活动的文件（${file}）进行编译（用“command”后的程序和“args”后的参数进行编译），并在当前文件夹（${fileDirname}）下创建一个扩展名为 exe、文件名与源文件名相同的可执行文件（${fileBasenameNoExtension}.exe），这里即“sum_nn.exe”。“group”下的“isDefault”设置为 true，意味着可以通过 Ctrl + Shift + b 快捷键来执行此任务；如果设置为 false，则只能通过点击“Terminal”菜单下的“Run Build Task”命令来生成可执行文件。

（6）执行构建（Running the Build）任务：

① 回到“sum_nn.c”，使其成为当前活动的文件，即点击浏览器中或主窗口上方的文件名。

② 执行“tasks.json”中定义的任务：按 Ctrl + Shift + b 快捷键或点击“Terminal”菜单下的“Run Build Task”命令。

③ 执行任务后，可以在 VS Code 下方的“Terminal”面板看到编译信息，如编译成功或失败、错误和警告信息等，如图 1.25 所示。

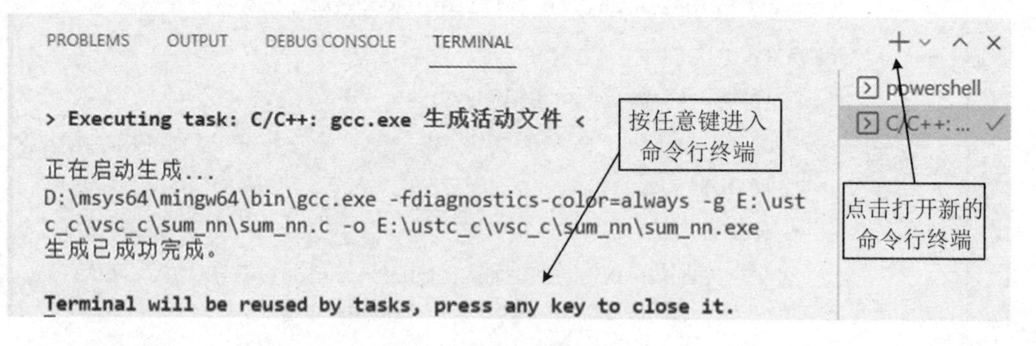

图 1.25　查看编译信息

④ 在上面提示编译信息的小窗里按任意键，或点击 VS Code 下方面板上的“+”，或点击“Terminal”菜单里的“New Terminal”命令进入或打开一个命令行终端。此时终端处于当前工作区的文件夹里。输入“cd sum_nn”命令并回车，切换到项目的子文件夹，再输入“dir”命令可以查看项目文件夹下生成的可执行文件“sum_nn.exe”。输入“.\sum_nn.exe”（输入前几个字符后可以按 Tab 键进行自动补全），运行构建的 C 程序。程序执行的过程和结果如图 1.26 所示。注意：如果程序执行时显示乱码，可输入“chcp 65001”（utf-8 格式编码）命令或“chcp 936”（GBK2312 格式编码）命令并回车切换显示编码后再重新执行程序。

⑤ 也可以在 Windows 系统的 CMD 窗口或 PowerShell 窗口运行构建后的程序。

（7）修改“tasks.json”：可以修改“tasks.json”文件，用“${workspaceFolder}\\*.c”代替“${file}”来编译当前文件夹下的多个 C 文件。也可以修改“${fileDirname}\\${fileBasenameNoExtension}.exe”为固定的执行文件，如“${workspaceFolder}\\myProgram.exe”。

（8）调试“sum_nn.c”程序：

① 在 VS Code 界面，点击“Run”（运行）菜单下的“Add Configure”（添加配置）命令，在弹出的下拉列表里，选择“C++（GDB/LLDB）”。在接下来的各种预定义调试配置列表中，选择“gcc.exe build and debug active file”（gcc.exe 生成和调试活动文件）。这时 VS Code

会自动创建“launch.json”文件并存储在“.vscode”文件夹，同时在编辑器中打开此文件，其内容如下：

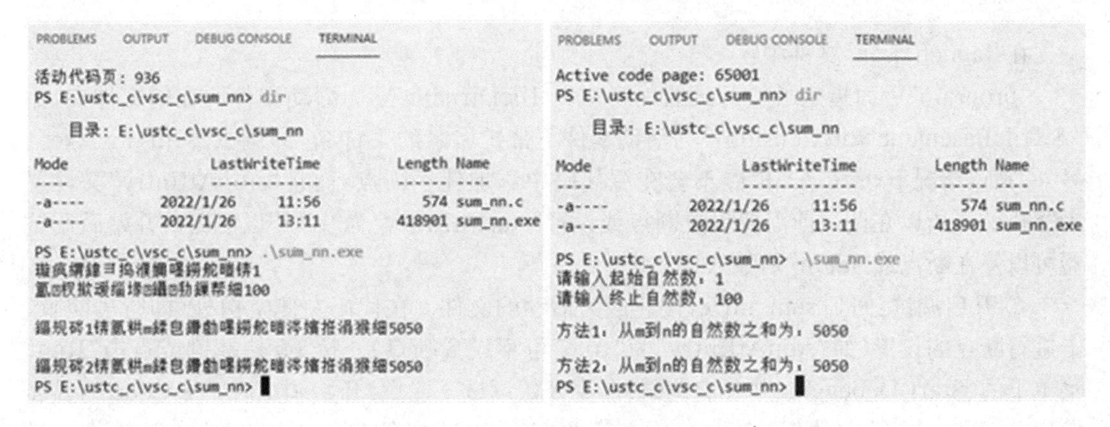

图1.26　执行构建后的程序

```
01 {
02   "version": "0.2.0",
03   "configurations": [
04   {
05     "name": "gcc.exe - 生成和调试活动文件",
06     "type": "cppdbg",
07     "request": "launch",
08     "program": "${fileDirname}\\${fileBasenameNoExtension}.exe",
09     "args": [],
10     "stopAtEntry": false,
11     "cwd": "${fileDirname}",
12     "environment": [],
13     "externalConsole": false,
14     "MIMode": "gdb",
15     "miDebuggerPath": "D:\\msys64\\mingw64\\bin\\gdb.exe",
16     "setupCommands": [
17     {
18       "description": "为 gdb 启用整齐打印",
19       "text": "-enable-pretty-printing",
20       "ignoreFailures": true
21     }
22     ],
23     "preLaunchTask": "C/C++: gcc.exe 生成活动文件"
24   }
```

```
25      ]
26    }
```

在“launch.json”文件中:

“program”后面指定了要调试的程序,“${fileDirname}”为活动文件所在的文件夹,而“${fileBasenameNoExtension}”为活动文件不带扩展名的文件名,即调试“sum_nn.exe”。另外,默认情况下,C/C++扩展不会在源代码中添加任一断点,而且“stopAtEntry”又设置为“false”。所以在调试前需要设置断点或设置“stopAtEntry”为“true”以便调试开始后调试器可以停在断点或“main”函数入口。

② 开启调试:回到sum_nn.c,使它成为活动的文件。在代码左侧空白处(即行号前)点击进行断点的设置(如“stopAtEntry”为“true”可不设置断点)。按F5快捷键或点击“Run”菜单下的“Start Debugging”(开启调试)命令开始调试。注意:开始调试后,VS Code的界面发生了变化,在下方的“Debug Console”里显示调试器信息,在编辑器左侧多了变量(Variables)和查看(Watch)小窗等,在上方出现了调试控制条,在源代码的第一个断点或程序入口处出现高亮显示等。

③ 调试控制:点击调试工具条上或“Run”菜单下的调试控制命令进行程序调试,如“Step Over”命令一次执行一行代码且遇到函数调用不进入函数内部,“Step Into”命令一次执行一行代码且遇到函数调用会进入函数内部,在调用的函数内部执行“Step Out”命令会跳出函数、“Continue”命令会继续执行到下一个断点等。

④ 查看调试信息:在终端或命令窗口查看程序执行的输出,在VS Code左侧的变量和查看小窗中查看变量值与添加到查看小窗中变量或表达式的值等。在查看小窗点击鼠标右键可以添加表达式等到查看小窗,也可以在源代码中选择要查看的内容后点击鼠标右键,在弹出的菜单里选择“Add to Watch”添加到查看小窗。在源代码中将鼠标指针移到相应的对象上,也可以查看此时对象的值等。

⑤ 点击调试工具条上的“Stop”或“Run”菜单下的“Stop Debugging”命令结束程序调试。

(9) 在当前文件夹,或在工作区以及子文件夹里新建的子文件夹中添加新的C文件代码时,可以直接编译、运行与调试,而不用再重新生成“tasks.json”和“launch.json”文件。

(10) 更多的VS Code与MinGW-w64组合的使用方法请参考软件使用手册和MOOC课程等。

7. C/C++扩展的更多配置

通过c_cpp_properties.json配置文件可以设置与C/C++程序设计相关的更多参数,如编译器路径、头文件路径、C/C++标准等。

点击VS Code软件界面左下角的管理图标,再点击“Command Palette”(命令面板),或者直接按Ctrl+Shift+p快捷键打开命令模板,输入“C/C++”后,在下拉列表中选择“C/C++:Edit Configurations(UI)”(C/C++:编辑配置(用户接口)),在打开的“Microsoft C/C++扩展”配置界面(如图1.27所示),按实际需要设置对应的选项,如编译器路径、编译器参数、智能感知模式、头文件路径、C/C++标准等。

自定义配置项的内容会自动写入“c_cpp_properties.json”文件里,并存储到工作区的

“.vscode”文件夹。点击配置页面左侧的“c_cpp_properties.json”文件链接，可以打开“c_cpp_properties.json”文件，其内容如下：

图 1.27　“Microsoft C/C++扩展”的配置界面

```
01  {
02      "configurations": [
03          {
04              "name": "Win32",
05              "includePath": [
06                  "${workspaceFolder}/**"
07              ],
08              "defines": [
09                  "_DEBUG",
10                  "UNICODE",
11                  "_UNICODE"
12              ],
13              "windowsSdkVersion": "10.0.17763.0",
14              "compilerPath": "D:/msys64/mingw64/bin/gcc.exe",
15              "cStandard": "c99",
16              "cppStandard": "c++17",
17              "intelliSenseMode": "windows-gcc-x64",
18              "browse": {
19                  "path": [
20                      "${workspaceFolder}",
21                      "D:\\msys64\\mingw64\\include"
22                  ]
23              },
```

```
24          "compilerArgs": [
25              "-Wall",
26              "-Wextra",
27              "-Wpedantic"
28          ]
29      }
30    ],
31    "version": 4
32  }
```

1.3 Visual Studio

Visual Studio 是一款功能强大的软件开发工具,支持 Windows、Mac OS 等系统,可进行跨平台开发,支持 C#、C++、Python、Java 等多种主流开发语言。Visual Studio 软件拥有完整的开发工具集,涵盖了整个软件生命周期中所需要的大部分工具,如 UML 建模工具、代码管控工具、集成开发环境(IDE)等。

Visual Studio 是最流行的 Windows 平台应用程序的集成开发环境。Visual Studio 功能强大,但安装程序大,使用也相对复杂。初学者可根据个人喜好选择使用。下面以 Visual Studio 2019 版本为例简单介绍其安装过程和使用方法。

1. 官方网站

https://visualstudio.microsoft.com/zh-hans/vs/。

2. 下载安装

Visual Studio 主要提供三种版本:社区版(面向学生、开放源代码和个人开发者的免费且功能齐全的 IDE)、专业版(适用于小型团队的专业开发工具、服务和订阅权益)及企业版(满足各种规模团队的高质量和规模需求的端到端解决方案)。在日常学习中,使用社区版就可以完成代码的编写、调试及测试等基本功能。

到官网"https://visualstudio.microsoft.com/zh-hans/downloads/"可以下载最新版本的 Visual Studio,也可以点击网页最下方的"较早的下载项"下载之前的版本,注意这里需要登录(可免费注册)才可以下载之前的版本。这里下载 Visual Studio 2019 社区版的安装文件,然后执行安装程序开始安装。按照安装程序的提示,选择要安装软件的工作负荷(一般选择 C++桌面开发和 Visual Studio 扩展开发即可)、组件(可以选择不同的 C++版本等)、语言支持(可选择中文支持),以及安装到计算机中的文件夹(可保留默认)等开始并完成 Visual Studio 2019 社区版的安装。

3. Visual Studio 软件的使用

(1) 运行 Visual Studio 2019 社区版软件(需要用微软账户登录),在启动界面中可以打开已创建的项目,也可以点击右下角的"创建新项目(N)"按钮创建一个新的项目,如图 1.28 所示。进入软件界面后,在 Visual Studio 的菜单栏上,选择"文件"菜单下"新建"子菜单里的"项目"命令,打开"创建新项目"窗口。

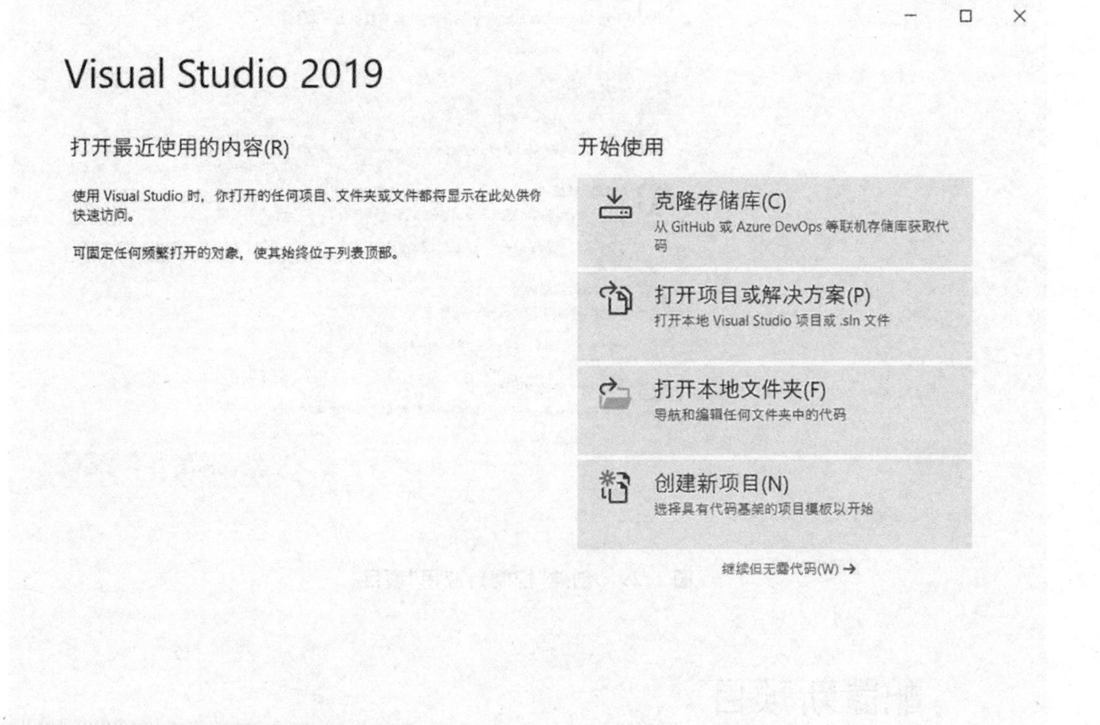

图 1.28　Visual Studio 2019 开始界面

(2) 在打开的"创建新项目"窗口(如图 1.29 所示),选择项目模板列表中的"控制台应用",然后点击"下一步"按钮。

(3) 在如图 1.30 所示的"配置新项目"对话框中,在"项目名称"编辑框输入新项目的名称为"helloworld",并勾选"将解决方案和项目放在同一目录中",然后点击"创建"按钮创建新的项目。

(4) 在 Visual Studio 左侧的"解决方案资源管理器"中,用鼠标右键点击"源文件",在弹出的菜单中选择"添加"菜单下的"新建项"命令,如图 1.31 所示。

(5) 在弹出的如图 1.32 所示窗口中,选择"C++ 文件(.cpp)",但在名称中输入文件名时用".c"的文件后缀,表明是 C 语言的文件格式。选择保存路径,点击"添加",创建 C 语言源文件。

(6) 在代码编辑窗口中输入如图 1.33 所示的程序代码。

(7) 按 Ctrl + F5 快捷键或者在主菜单栏中点击"调试"菜单下的"开始执行"命令编译运行程序代码。按 F5 快捷键或者在主菜单栏中点击"调试"菜单下的"开始调试"命令启动程序调试。如果程序没有错误,会在界面下方的"输出"窗口显示相关信息并弹出执行结果窗口,如图 1.34 所示。

图 1.29 创建“控制台应用”项目

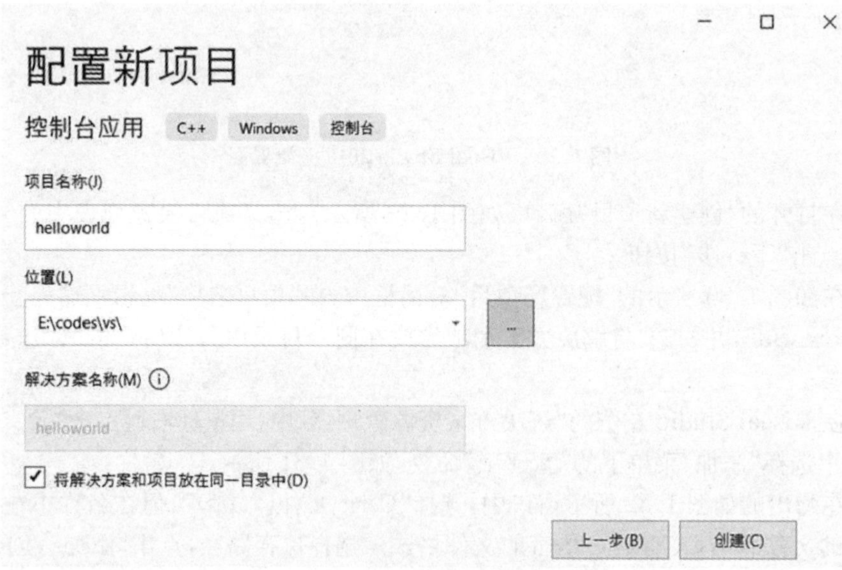

配置新项目
控制台应用 C++ Windows 控制台
项目名称(J)
helloworld
位置(L)
E:\codes\vs\
解决方案名称(M)
helloworld
将解决方案和项目放在同一目录中(D)
上一步(B) 创建(C)

图 1.30 配置“控制台应用”项目

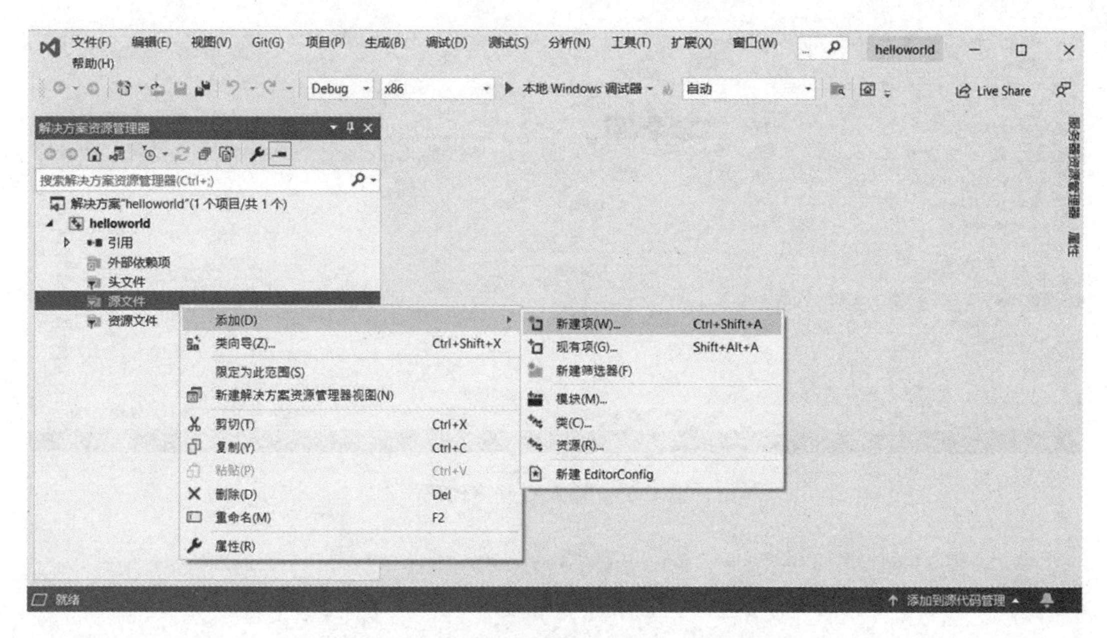

图 1.31　为"控制台应用"项目添加源文件

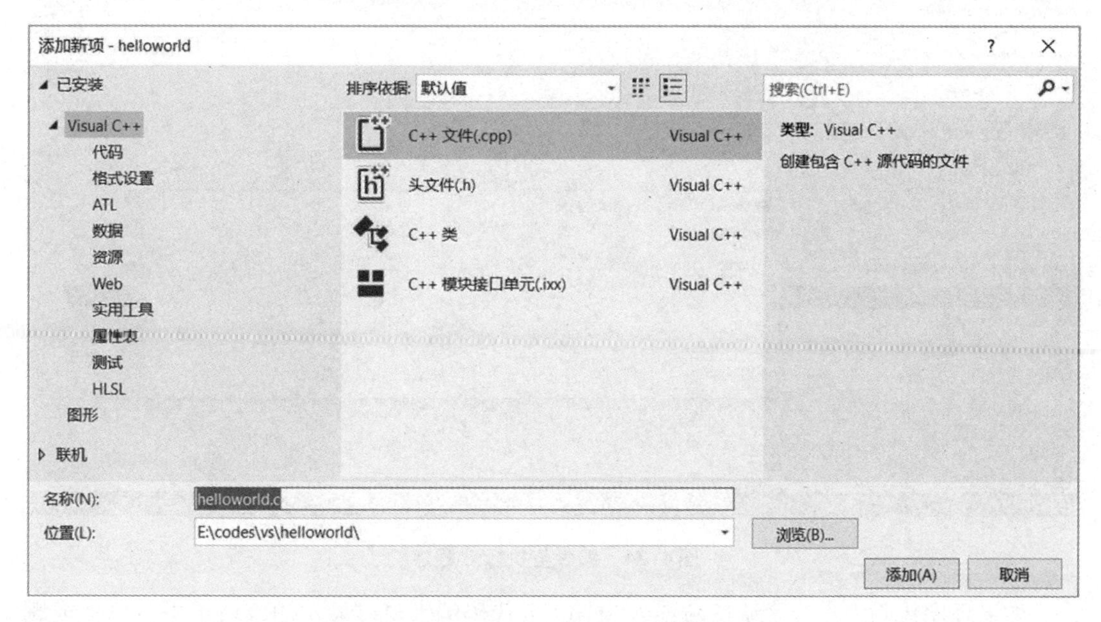

图 1.32　设置源文件类型

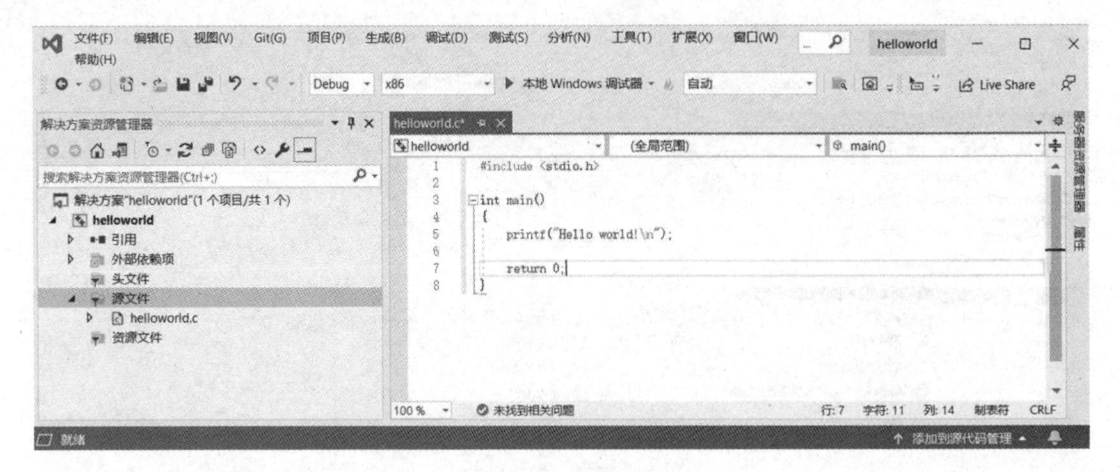

图 1.33 输入 C 程序代码

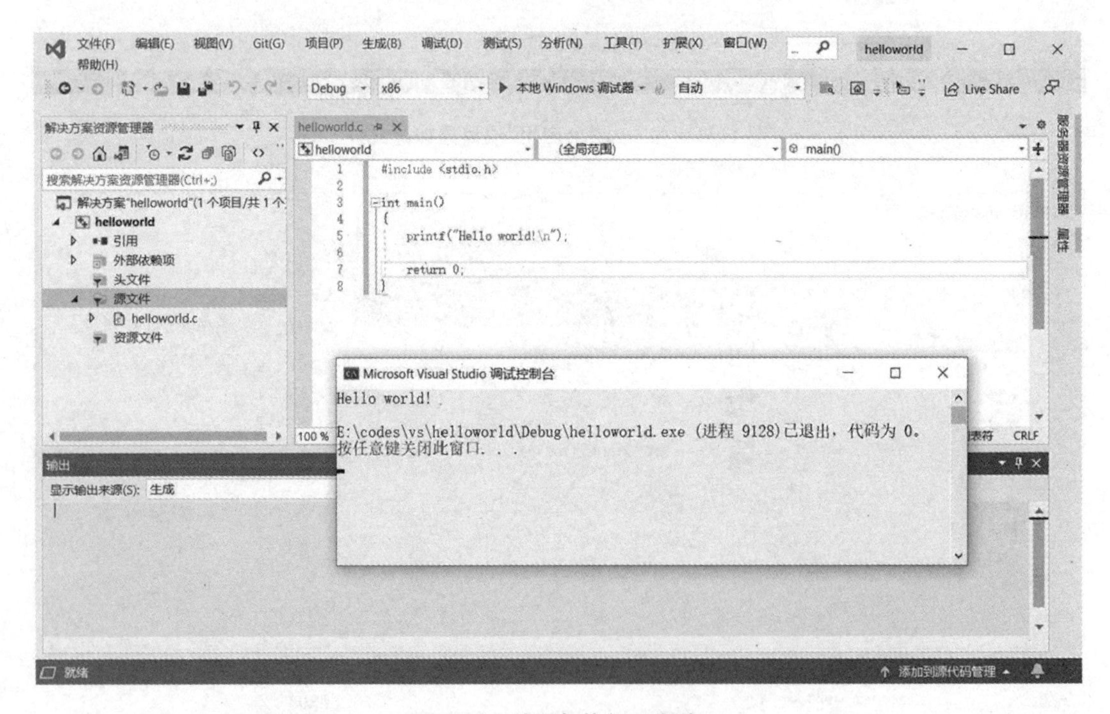

图 1.34 编译与执行 C 程序

如果程序代码中设置了调试断点(在图 1.35 代码编辑窗口最左侧区域单击可增加或删除断点),则按 F5 快捷键会进入调试模式。

点击调试工具栏的相关图标按钮,可以完成停止、重新启动、逐语句(F11)、逐过程(F10)、跳出(Shift + F11)调试等操作。在界面左下方窗口中可以观察变量值的实时变化等调试信息。

(8) 更多新的 C 程序设计请重复以上过程。更多的 Visual Studio 软件使用方法请参考软件手册和 MOOC 课程等。

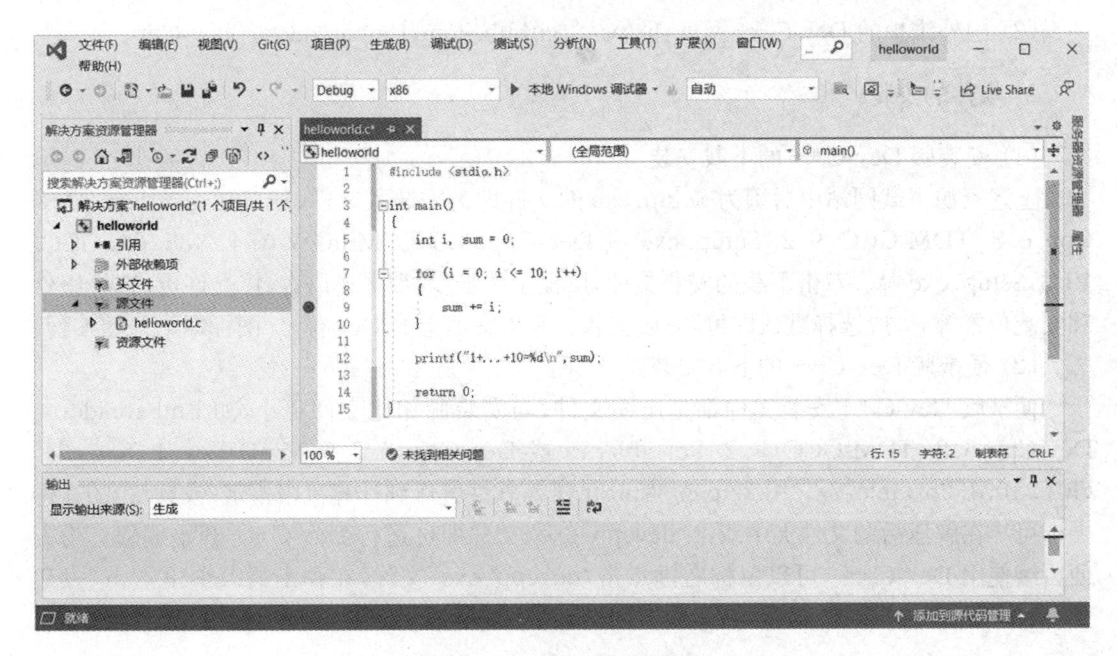

图 1.35　在源文件设置断点

1.4　Dev-C++

Dev-C++是一款在 Windows 操作系统下适合初学者使用的轻量级 C/C++集成开发环境(IDE),是自由开源软件。Dev-C++的优点是软件规模小、启动快、占用内存少、功能简捷且安装使用简便,缺点是缺乏维护更新且功能并不完善,甚至存在一些问题和错误。

Dev-C++原开发公司 Bloodshed 在 2011 年发布了 v4.9.9.2 后停止开发。后来,独立开发者 Orwelldevcpp 继续更新开发,2016 年发布了最终版本 v5.11 之后停止更新(可靠的下载链接:https://sourceforge.net/projects/orwelldevcpp/)。最终版虽然陈旧且有一些缺点,如没有完善的可视化开发功能、不适用于开发图形化界面的软件等,但对初学者来说都不是太大的问题。

Dev-C++使用 MinGW-w64/TDM-GCC 编译器(用户可以设定使用最新的编译器)。开发环境支持汉化,包括多页面窗口、程序编辑器以及调试器等,在工程编辑器中集合了编辑器、编译器、连接程序和执行程序,提供高亮度语法显示,有基本完善的调试功能。

喜欢新鲜事物的读者,可以选择编程爱好者开发与维护的两个 Dev-C++的分支版本,其一是国内的"小熊猫 Dev-C++",其二是国外的"Embarcadero Dev-Cpp",它们都是基于最终版 Dev-C++进行开发和维护的。

1. 资源的下载

(1) 国内维护的 Dev-C++网址:https://royqh.net/devcpp/download。

(2) 国外维护的 Dev-C++ 网址：https://github.com/Embarcadero/Dev-Cpp。

2. 软件的安装

(1) 安装版 Dev-C++ 的下载安装

上述资源下载网站中后缀为 Setup.exe 的文件即为安装版软件，如 Embarcadero_Dev-Cpp_6.3_TDM-GCC_9.2_Setup.exe 或 Dev-Cpp.6.7.5.MinGW-w64.X86_64.GCC.10.3.Setup.exe 等。双击下载的安装文件，按提示一步步（如选择语言，接受许可，选择组件和安装位置等，一般选择默认即可）完成安装。双击桌面上的 Dev-C++ 图标即可开始编程。

(2) 便携版 Dev-C++ 的下载安装

便携版 Dev-C++ 安装文件都是压缩文件，与安装版相比文件更小，如 Embarcadero_Dev-Cpp_6.3_TDM-GCC_9.2_Portable.7z 或 Dev-Cpp.6.7.5.MinGW-w64.X86_64.GCC.10.3.Portable.7z。用 7zip 或 Winrar 压缩软件解压到计算机中指定（或默认）的文件夹即可。在解压后的文件夹中双击"devcpp.exe"文件即可运行 Dev-C++ 开始编程。为方便后续使用 Dev-C++，可以鼠标右键点击"devcpp.exe"文件，在弹出的菜单里点击"发送到"菜单下的"桌面快捷方式"，在桌面上创建一个"devcpp.exe"的快捷方式。

3. 软件的配置与使用(以小熊猫 Dev-Cpp.6.7.5 为例)

初次运行软件，在弹出配置窗口进行软件环境配置。也可以在打开软件界面后，通过"Tools"（工具）菜单下的"Environment Options"（环境参数）、"Editor Options"（编辑器参数）命令来设置软件的参数。

(1) 可以选择"简体中文/Chinese"，软件将呈现简体中文界面。也可以选择"English (Original)"保持英文界面，如图 1.36 所示。点击"Next"按钮进入下一步。

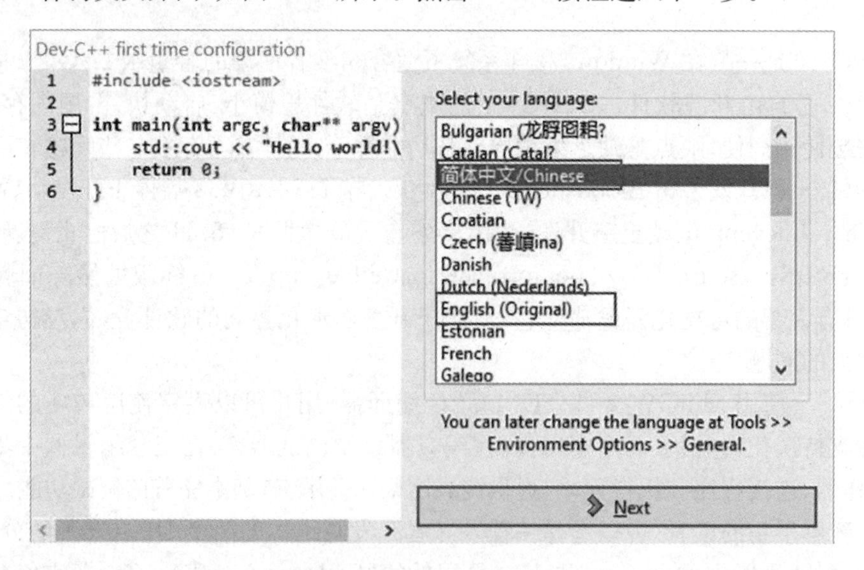

图 1.36 选择软件显示语言

(2) 在图 1.37 中设置个人偏好的主题，如设置字体、颜色、图标。设置完成后点击"Next"完成配置。

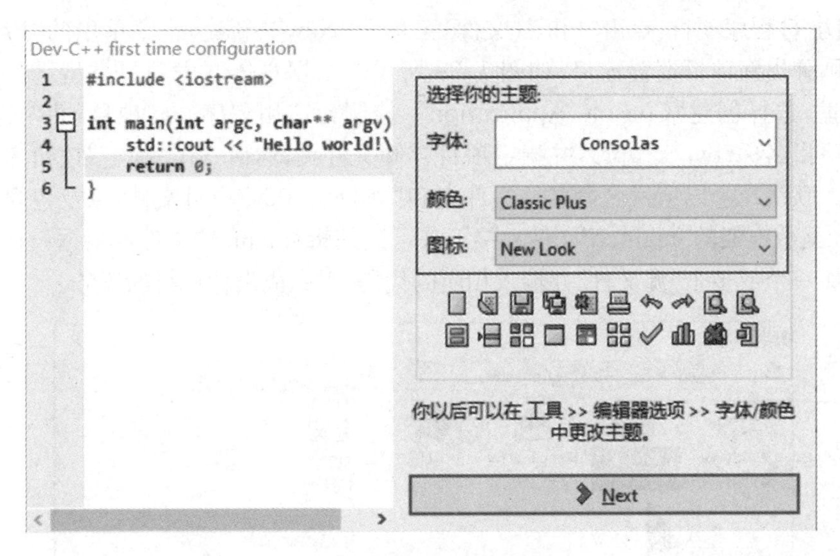

图 1.37　选择与设置主题

（3）编译器的设置：Dev-C++其实只是一个提供了与编译器接口的图形界面编辑器 IDE。要进行 C/C++程序的开发，还需要与 MinGW-w64 或 TDM-GCC 等编译器一起才能实现。一般在安装带编译器的 Dev-C++后，打开 Dev-C++软件时都可以自动找到自带的编译工具。如果因单独安装编译器等因素找不到 C/C++编译器，需要在 Dev-C++软件界面点击“Tools”（工具）菜单下的“Compiler Options”（编译器参数）命令来设置编译器。在打开的“编译器选项”对话框中，可以自动搜索添加，也可以手动从文件夹里设置等，如图 1.38 所示。

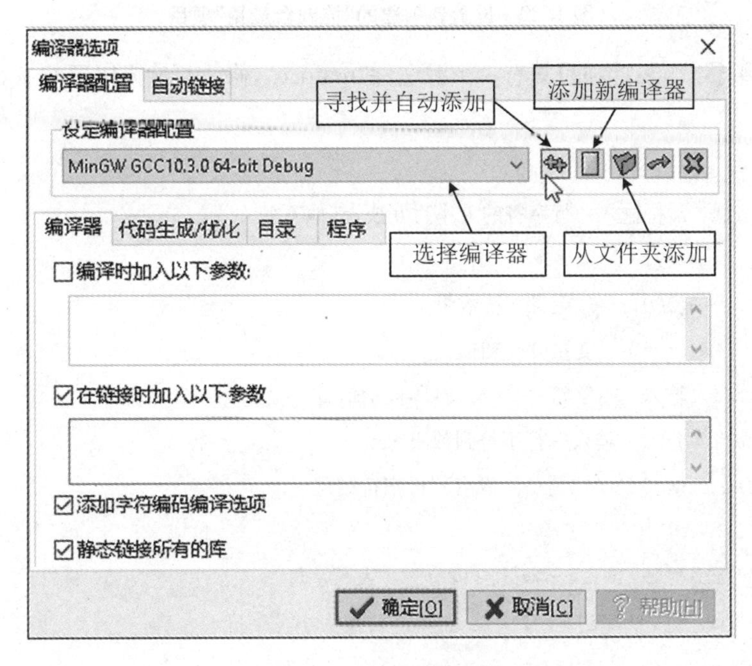

图 1.38　设置编译器

（4）创建 C 程序项目并编写代码。

① 创建C程序项目：点击“File”（文件）菜单下“New”（新建）子菜单里的“Project”（项目）命令，则弹出新项目设置窗口，如图1.39所示。根据具体开发项目类型进行选择与设置。在这里，选择创建“Console Application”（控制台应用程序），C项目，并勾选“缺省语言”，输入项目名称（lwr_x_upr），并指定项目存储文件夹，然后点击“确定”按钮完成创建一个新项目。默认产生以项目名命名的文件夹和“项目名.dev”项目文件，以及包含主要头文件及main函数框架的“main.c”文件。接下来可以编辑“main.c”文件或根据设计需要为当前工程添加一个或多个“源文件”并输入相应的代码，以完成设计项目的任务。

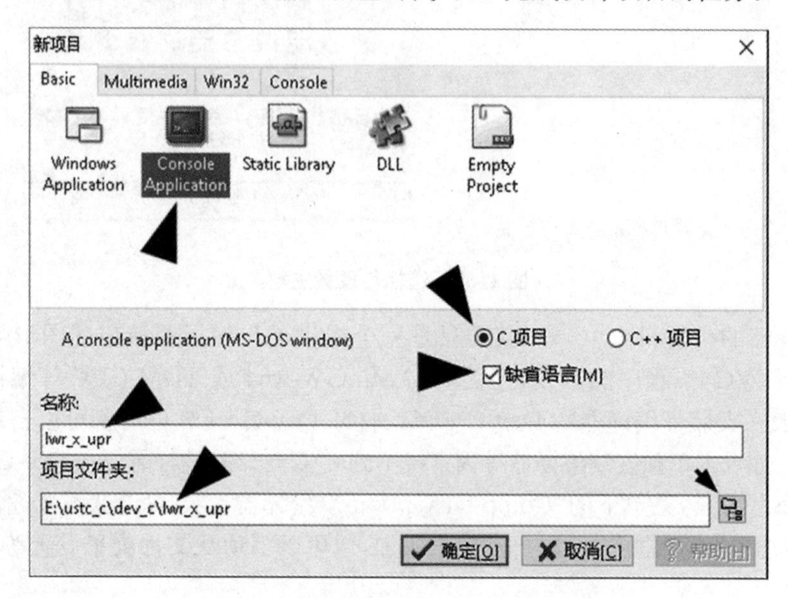

图1.39 设置新创建的“控制台应用”项目

② 输入、编辑代码：此项目只有一个源文件“main.c”，修改与输入以下C代码到“main.c”文件中。

```
01  # include < stdio.h>
02  int main()  //将输入一行字符的大小写互换,其他不变
03  {
04      char row[200];  //定义字符数组
05      int i=0;  //定义变量并赋初值
06      printf("输入一行字符:");  //打印提示信息
07      gets(row);  //输入一行字符到数组 row
08      while(row[i]! = '\0')  //没有到行字符结尾
09      {
10        if(row[i]> 'A' && row[i]< 'Z')  //大写字母
11          row[i]= row[i]+ ('a'- 'A');  //转换为小写字母
12        else if(row[i]> 'a' && row[i]< 'z')  //小写字母
13          row[i]= row[i]- 32;  //('a'- 'A')转换为大写字母
14        i++;  //下一个字符
```

```
15  	}
16  	printf("%s\n",row);  //输出转换后的一行字符
17  	return 0;
18  }
```

③ 点击工具栏中的“保存”按钮(或按 Ctrl + s 快捷键)保存“main. c”文件,或点击“全部保存”按钮(或按 Shift + Ctrl + s 快捷键)保存所有项目文件。

(5) 编译、运行与调试项目程序。

① 编译:编写好代码并保存后,点击“Execute”(运行)菜单下的“Compile”(编译)命令(或按 F9 快捷键,也可以点击工具栏里的“编译”图标),对项目程序进行编译,即将源代码转换为计算机可以执行的指令码等。编译时会在 Dev-C++ 界面下方小窗里显示与编译过程相关的信息,如语法错误、警告以及编译日志等。如果有错误,在软件界面下方会提示出错的行号、源文件以及错误描述等,如图 1.40 所示。按提示信息找到问题并修正程序代码后,需要再重新进行编译。重复“编译”与“代码修正”过程,直到不再提示错误信息。

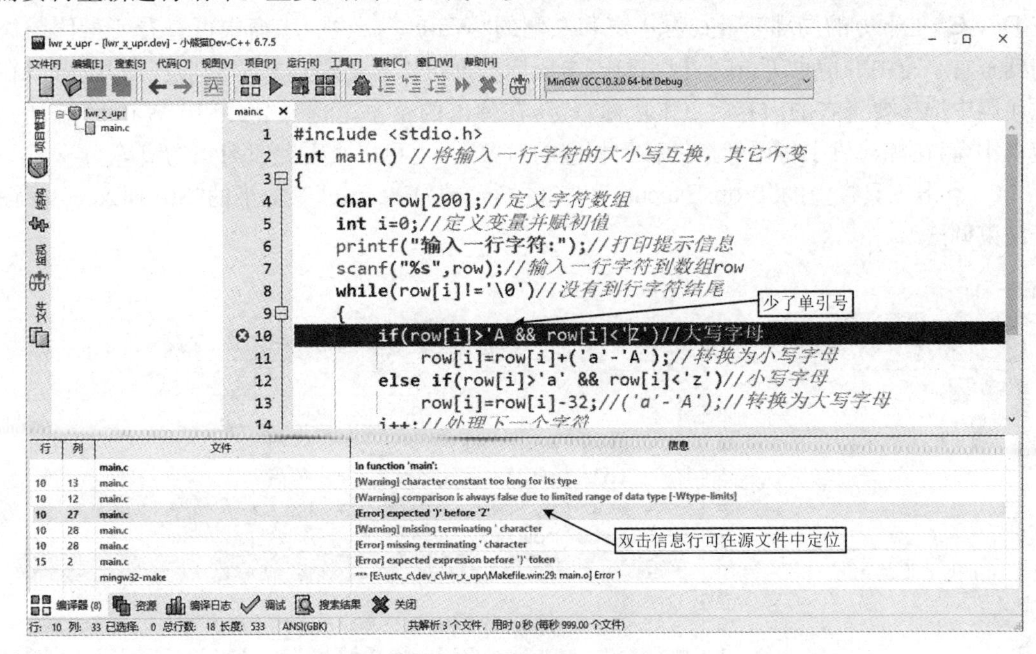

图 1.40　查看编译提示信息

② 运行:对项目程序编译没有错误后,可点击“Execute”(运行)菜单下的“Run”(运行)命令(或按 F10 快捷键,也可以点击工具栏里的“运行”图标),执行项目程序。运行程序后会弹出控制台窗口(命令行窗口),显示运行结果或进行输入及输出交互处理等。

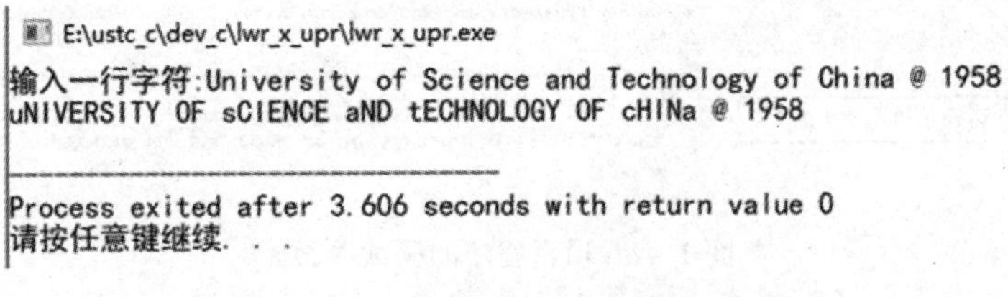

```
E:\ustc_c\dev_c\lwr_x_upr\lwr_x_upr.exe
输入一行字符:University of Science and Technology of China @ 1958
uNIVERSITY OF sCIENCE aND tECHNOLOGY OF cHINa @ 1958

--------------------------------
Process exited after 3.606 seconds with return value 0
请按任意键继续. . .
```

图 1.41　程序运行时的界面与结果

③ 也可以点击“Execute”(运行)菜单下的“Compile & Run”(编译并运行)命令(或按F11 快捷键,也可以点击工具栏里的“编译并运行”图标),一步实现编译后运行程序。

④ 开启调试:在程序中的代码行上设置调试断点(断点是程序调试时可以停下来的点。点击代码行行号前的空白处,或点击代码行后按 Ctrl + F4 快捷键可以为代码行添加断点。再次点击后取消),然后点击“Execute”(运行)菜单下的“Debug”(调试)命令(或按 F5 快捷键,也可以点击工具栏里的“调试”图标),开启程序调试。注意:开始调试后,Dev-C++ 的界面发生了变化,在下方的小窗里出现了多个调试信息页,如“GDB Console”(GDB 控制台)、“Breakpoints”(断点)、“Locals”(局部变量)等,在编辑器左侧打开“Watch”(监视)小窗等,在工具栏上出现了调试控制命令,并在源代码的第一个断点或入口处出现高亮显示等。

⑤ 调试控制:点击工具栏上或“Execute”(运行)菜单下的调试控制命令,如“Step Over”命令一次执行一行代码且遇到函数调用不进入函数内部,“Step Into”命令一次执行一行代码且遇到函数调用会进入函数内部,在调用的函数内部执行“Step Out”命令会跳出函数、“Continue”命令会继续执行到下一个断点等。

⑥ 查看调试信息:在命令窗口可查看程序执行的输出或输入数据等,如图 1.42 所示;在 Dev-C++ 下方的局部变量查看小窗和左侧的“Watch”(监视)小窗中可查看变量值与添加到查看小窗中的信息等;在监视小窗点击鼠标右键可以添加表达式等到监视窗,也可以在源代码中选择要查看的内容后点击鼠标右键,在弹出的菜单里选择“Add to Watch”添加到监视小窗;在源代码中将鼠标指针移到相应的对象上,也可以查看此时对象的值等。

⑦ 点击工具栏上的“Stop Execute”(停止执行)或“Execute”菜单下的“Stop Execute”命令结束调试。

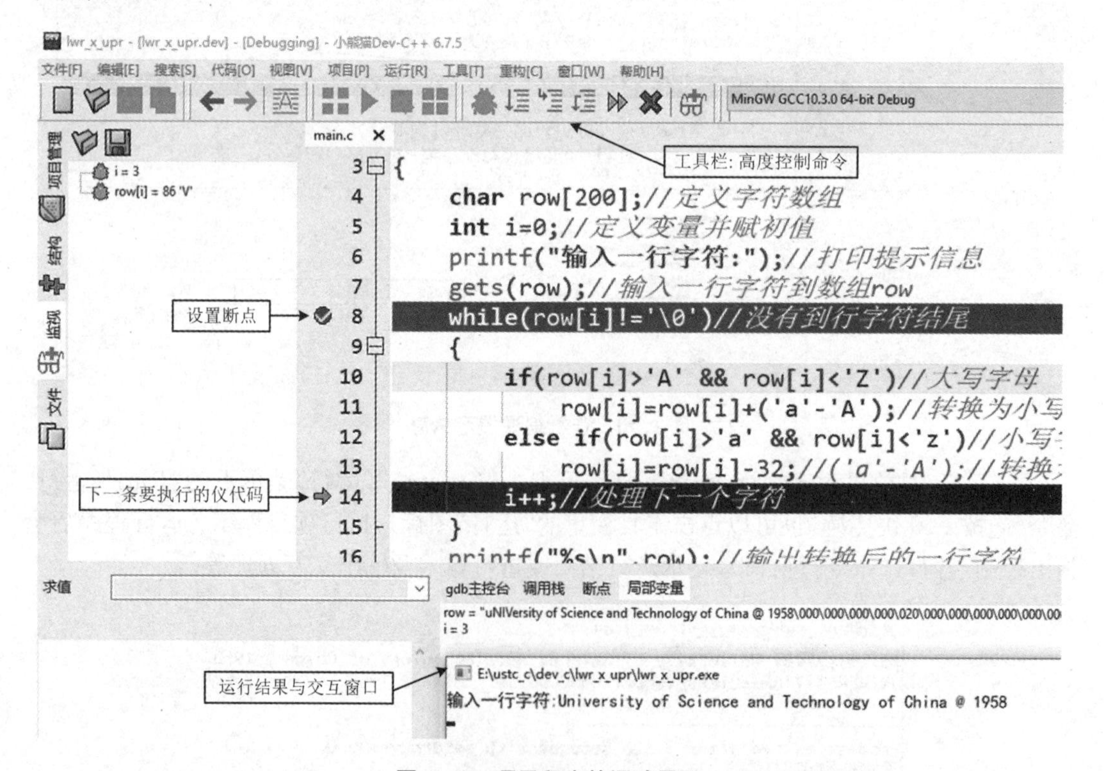

图 1.42 项目程序的调试界面

(6) Dev-C++单个文件形式的C程序设计：

① Dev-C++支持单个的C程序文件进行程序设计，而无需创建项目文件，即将所有的代码都写入一个"源文件"(如".c"程序文件)里。这对学习C/C++程序设计者来说是非常便利的。对于复杂的设计，还是建议使用创建项目的方式进行开发。

② 单个文件形式的Dev-C++程序设计，需要关闭所有的Dev-C++项目：点击"File"(文件)菜单下的"Close Project"(关闭项目)命令来关闭打开的项目。

③ 创建源文件：点击"File"(文件)菜单下"New"(新建)子菜单里的"Source File"(源文件)命令(或按Ctrl+n快捷键)，新创建一个源文件。然后可以直接在打开的源文件编辑窗口，编写程序代码。注意此时的源文件是没有起文件名的，当点击"File"(文件)菜单下"Save"(保存)命令(或按Ctrl+s快捷键，也可以点击工具栏上的"保存"图标)进行源文件保存时，可以指定源文件的文件名，扩展名代表了设计语言的类型，如".c"表示C程序等。

④ 接下来的编译、运行与调试方法与Dev-C++项目开发方式时的使用方法相同。

(7) 更多新的程序设计请重复以上过程。注意Dev-C++每次只能打开一个项目作为当前的设计项目。但对于单文件的开发方式则可以同时打开多个设计源文件，只要打开要运行的源文件，使其成为当前可编辑的文件(活动文件)即可。

(8) 更多的基于Dev-C++的程序设计方法等请参考软件手册和MOOC课程等。

1.5　Linux GCC

Linux系统下的GCC(GNU C Compiler)是GNU推出的功能强大、性能优越的多平台编译器，能将C/C++语言源程序及目标程序编译、连接成可执行文件，执行效率高。GCC经过扩展发展为GNU编译器套件(GNU Compiler Collection)，支持更多编程语言，如Fortran、Pascal、Objective-C、Java、Ada、Go以及各类处理器架构上的汇编语言等，使用广泛。

下面以Ubuntu Linux系统为例简单介绍C程序设计的方法等。

1. 开发软件与安装

(1) 可以安装使用支持Linux平台的图形化C/C++程序开发工具，如CodeBlocks、Visual Studio Code等。具体的软件安装和使用流程请参考之前Windows系统下的安装与使用方法。

(2) 使用Linux系统下原生的编辑器和编译器：如vim或emacs编辑器、GCC编译器等。vim编辑器一般会随着Ubuntu系统一同安装。GCC编译器有时会因为Ubuntu系统安装类型的不同而没有进行安装。这时可以在Terminal(终端)里输入"sudo apt-get build-dep gcc"命令，如果不需要ROOT权限，则只需输入"apt-get build-dep gcc"命令并回车进行GCC的安装。或者也可以输入"sudo apt-get install build-essential"命令并回车进行编译器的安装。安装完成后可以执行"gcc --version"命令来查看版本信息，以确认GCC编译器的安装是正确的。输入"sudo apt-get install gdb"或"apt-get install gdb"命令并回车安装

GDB 调试器。

2. 利用 vim 编写 C 程序

(1) vim 是 Linux/Unix 系统下的文本编辑器,是 vi 文本编辑器的改进版,兼容 vi 的所有指令,还具有语法高亮、自动补全等新功能。

(2) vim 有命令、插入和底线命令三种操作模式。启动 vim 后即进入命令模式,在此模式下可以用方向键移动光标,用删除键删除字符,用各种命令操作文件内容等;在命令模式按“i”键进入插入模式,可以输入文字、编写代码等,按“Esc”键则退出插入模式返回到命令模式;在命令模式按“:”进入底线命令模式,可以保存文件、退出 vim、查找字符串、列出行号、设置编辑环境等。常用的 vim 操作命令如表 1.1 所示。

表 1.1 常用的 vim 操作命令

命令	操作说明	命令	操作说明
h,j,k,l	左/下/右/上移动光标	i/a	进入插入模式,在光标前/后输入
Ctrl + f/b	上一页/下一页	I/A	进入插入模式,在行首/尾输入
^/ $	移动到行首/尾	o/O	进入插入模式,在行后/前新开一行
gg	移动到文件第一行	Esc	退出插入模式返回到命令模式
“N”G	移动到文件的第 *N* 行	r	替换光标位置的一个字符
v	选择一个或多个字符	R	从光标位置开始替换,直到按 Esc
V	选择一行	s/S	删除一个/行字符,进入插入模式
p	粘贴	u/ctrl + r	撤销/恢复上一步操作
“N”yy	复制一或 *N* 行	dd	删除一行
yw	复制一个词	dw	删除一个词
:w	底线命令,保存文件	x/X	删除光标后/前一个字符
:wq, :x	底线命令,保存退出	:q	底线命令,退出,已保存
/关键字	查找“关键字”	:q!	底线命令,强制退出,不保存
:set nu	显示行号	:! command	执行命令行命令 command
.	重复之前的命令	:help xxx	查看 xxx 的帮助信息
:bn/:bp	切换到下/上一文件	:open file	在新窗口打开文件

以“:”或“/”开始的命令都有操作记录,即可以通过上下箭头来翻阅历史操作,并选择执行之前的操作。更多的 vim 操作命令请参考 vim 手册或帮助等。

(3) 用 vim 编写一个 C 程序示例。

① 在 Ubuntu 图形界面打开一个 Terminal(终端)命令窗口(非图形界面下即是命令界面),然后输入“cd”命令并回车切换到当前用户的文件夹,再输入“mkdir ustc_c”命令并回车在当前用户文件夹下新建“ustc_c”文件夹用于 C 程序的练习文件夹,输入“cd ustc_c”命令并回车切换到“ustc_c”文件夹。

② 接着在命令窗口输入“vim c_1_5_1.c”命令并回车,打开编辑“c_1_5_1.c”的 vim 界面。按“i”命令进入 vim 的插入模式,输入以下 C 代码:

```
01  #include <stdio.h>
02  int main()  //将一个正整数分解质因数
03  {   int i,n;
04      printf("输入一个正整数:");  //提示
05      scanf("%d",&n);  //从键盘输入一正整数到n
06      printf("%d=",n);  //打印此正整数等
07      for(i=2;i<=n;i++)  //因数范围
08      {
09        while(n%i==0)  //是因数?
10        {
11          printf("%d",i);  //打印因数
12          n/=i;  //除掉打印的因数
13          if(n>1)printf("*");  //还可以再分解
14        }
15      }
16      printf("\n");  //最后换行
17      return 0;
18  }
```

③ 编写完C代码,按“Esc”键退出vim的插入模式,回到命令模式,再输入“:w”命令并回车保存“c_1_5_1.c”文件。也可以输入“:wq”命令保存文件后并退出vim。

3. 编译、运行与调试

(1) 对于跨平台图形界面的C/C++程序设计工具中的程序编译、运行和调试与Windows系统下的过程类似。

(2) 使用原生的GCC进行编译,则需要通过表1.2中的各种命令来完成。

表1.2 Linux系统的GCC编译命令与说明

命令形式	功能说明
单文件编译	
无选项编译链接:#gcc filename.c	对c文件预处理、汇编、编译并链接形成可执行文件a.out
选项 -o:#gcc filename.c -o filename	对c文件预处理、汇编、编译并链接形成可执行文件filename
选项 -E:#gcc -E filename.c -o filename.i	将filename.c预处理输出filename.i文件
选项 -S:#gcc -S filename.i	将预处理输出文件filename.i汇编成filename.s文件
选项 -c:#gcc -c filename.s	将汇编输出文件filename.s编译输出filename.o文件

续表

命令形式	功能说明
选项 -O：# gcc -O1 filename.c -o filename	用1级优化级编译程序。级别为1～3，越大优化效果越好，但编译时间越长
无选项链接：# gcc filename.o -o filename	将编译输出文件 filename.o 链接成最终可执行文件 filename
多文件编译	
多个文件一起编译 # gccfilename1.c filename2.c -o filename	对多个 c 程序分别编译后链接成 filename 可执行文件
先单独编译各个源文件，再对各目标文件进行链接 # gcc -c filename1.c # gcc -c filename2.c # gcc -0 filename1.o filename2.o -o filename	 将 filename1.c 编译成 filename1.o 将 filename2.c 编译成 filename2.o 将 filename1.o 和 filename2.o 链接成 filename

如果已经退出了 vim 可以输入“gcc -o a c_1_5_1.c”命令并回车，编译 C 程序并生成可执行文件 a。如果保存“c_1_5_1.c”后没有退出 vim，可以输入“:! gcc -o a c_1_5_1.c”命令完成编译。如果编译时存在错误等，需要在 vim 中修改后再进行编译，直到编译成功。

(3) 运行：使用原生的 GCC 编译器产生的可执行文件，可直接在终端里输入并运行，如在终端里输入“./a”，在 vim 中输入“:!./a”进行执行。注意当前文件夹的位置与编译产生的可执行文件的位置切换，以及输入命令时的路径。

(4) 调试：使用原生的 GDB 调试器进行调试，则需要通过表 1.3 中的各种命令来完成。

表 1.3　Linux 系统的 GDB 调试命令与说明

命令形式	功能说明
gdb	进入 GDB 调试
help/h	显示帮助信息
quit/q	退出 GDB 调试
file 文件名	加载被调试的可执行程序文件(文件是经过编译之后形成的可执行文件，在编译时，应该加上-g 选项，比如 gcc -o aa c_1_5_1.c -g)
list/l	列出文件的内容
run/r	运行调试的程序(如果程序中没有设置断点，则程序会一直运行到结束或者出现异常结束，如果设置断点，则会在断点处停止)
break/b 行号 break 行号 if 条件 break 函数名	在某行设置普通断点(运行到即停止) 在某行设置条件断点(运行到且满足条件停止) 在某个函数调用处设置断点(运行到即停止)
delete/d 断点序号	删除断点编号对应的断点
clear	清空所有的断点信息

续表

命令形式	功能说明
continue/c	继续执行程序直到下一断点或者程序结束
next/n	单步调试
step/s	遇到函数调用时,进入函数内部调试
print/p 变量名	显示变量的值
info <>	用来显示各类信息,详细请查看“help info”

如执行“gcc -o aa c_1_5_1.c -g”命令产生带调试信息的可执行文件 aa,再执行“gdb aa”开启调试,接着在 gdb 中输入“b 6”命令并回车在第 6 行设置断点,输入“r”命令运行后停在断点处(即第 6 行),然后通过“s”或“n”命令进行单步执行,用“p”命令查看变量的值等。调试结束后在 gdb 中输入“q”命令并回车退出程序调试。

1.6　Mac OS Xcode

在 Mac OS 系统中开发应用程序的最快捷方式是使用 Xcode 集成开放环境,Xcode 支持多种平台(如 Mac OS、iOS)和多种编程语言(Swift、Objective-C、C/C++、Java)的应用开发。Xcode 具有统一的用户界面设计,编码、测试、调试都在一个简单的窗口内完成。

下面以 Mac OS Monterey 12.3.1 系统为例介绍 Xcode 的安装使用。

1. Xcode 的安装

(1) 自动安装

在应用商店中搜索 Xcode 并点击获取,再按照提示安装。首次安装的软件会显示“获取”链接,如图 1.43 右侧软件的右上角所示。如果曾经安装过,会显示为云的标志,如左侧的 Xcode 软件右上角所示。

图 1.43　在应用商店安装 Xcode

注意：Xcode 软件的大小有 10 GB 左右，安装时间较长，需耐心等待。

(2) 手动安装

自动安装顺利完成则跳过此步。

若通过应用商店安装时出现下载失败的情况，可以访问官网 https://developer.apple.com/download/all/? q = Xcode，下载最新版的 Xcode 进行手动安装。

下载 Xcode 之后获得的是一个“xip”类型的压缩文件，双击进行解压缩（Mac OS 的归档实用工具双击后会在当前目录自动解压缩），解压后得到 Xcode 的应用程序，将其移动至“访达”的文件管理应用程序中（即通过鼠标点选后拖动至图 1.44 中左侧的“应用程序”方框里即可）。

图 1.44 “访达”文件管理应用程序界面

首次开启 Xcode，在双击解压后的“Xcode”文件后需要进行验证，验证完成后会弹出许可协议，点击“Agree”（同意）后，会再弹出验证界面，输入本机密码后，点击“Install”开始安装。安装完成后，弹出如图 1.45 所示的 Xcode 起始页。

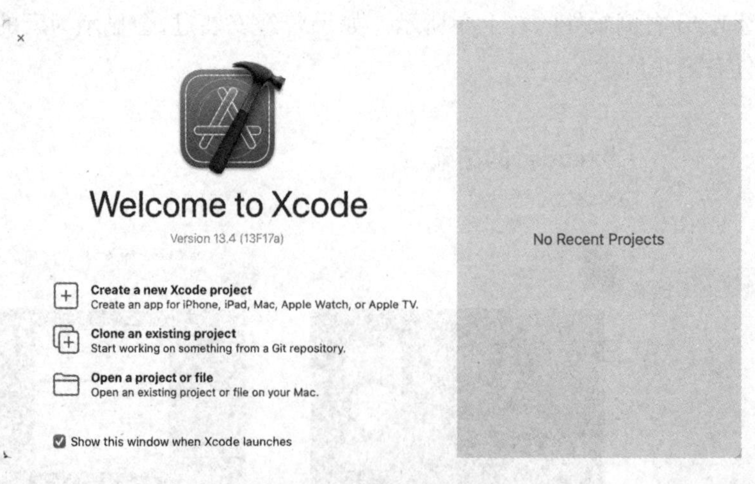

图 1.45 Xcode 的起始页

2. Xcode 的使用

在 Xcode 的起始页，选择“Create a new Xcode project”创建一个新项目，在打开的“Choose a template for your new project”窗口上方，选择“macOS”标签页，再选择“Application”分类中的“Command Line Tool”项并点击“Next”进入下一步。如图 1.46 所示。

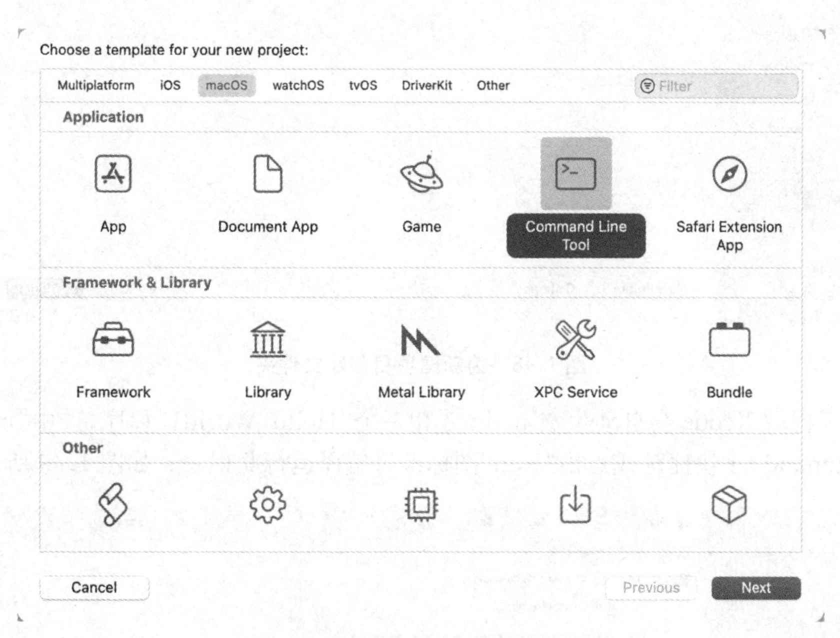

图 1.46 为新建项目选择模板

在打开的“Choose options for your new project”窗口填写项目的信息：“Product Name”与“Organization Identifier”随意填写，“Language”根据使用的编程语言进行选择，这里选择“C”。点击“Next”进入下一步。如图 1.47 所示。

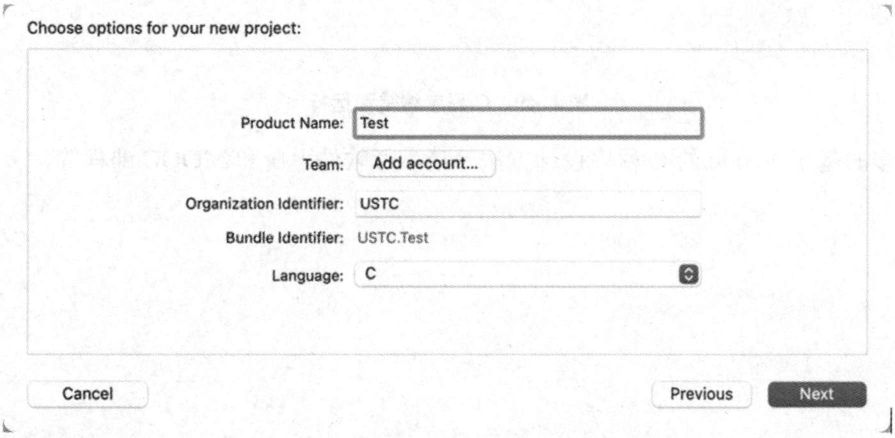

Choose options for your new project:

Product Name: Test

Team: Add account...

Organization Identifier: USTC

Bundle Identifier: USTC.Test

Language: C

Cancel Previous Next

图 1.47 为新建项目设置选项

在接下来的窗口中选择或创建项目存放位置（路径），点击“Create”完成创建。如

图 1.48 所示。

图 1.48 为新建项目创建文件夹

创建工程后 Xcode 会自动生成 main.c 和一个"Hello,World!"程序,选中"main.c"文件,按 command + r 快捷键或点击"Run"图标即可编译运行此程序。如图 1.49 所示。

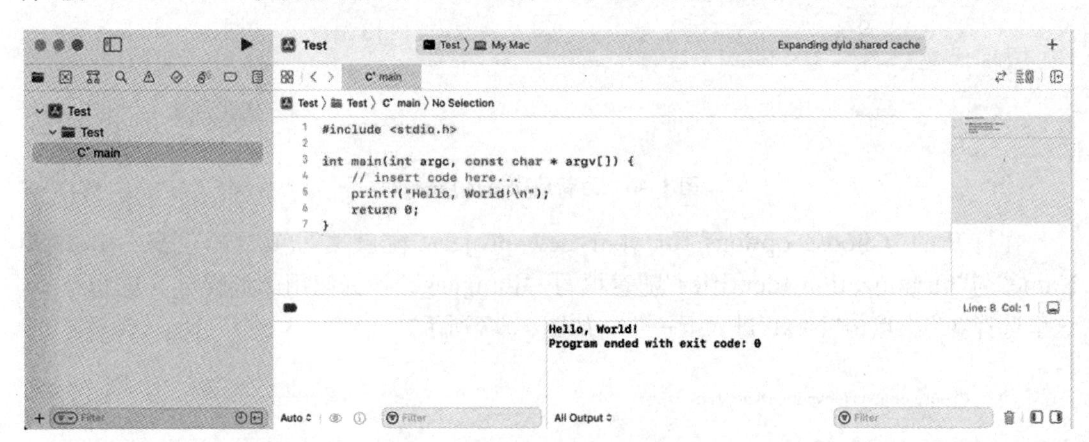

图 1.49 C 程序编辑和运行

更多的基于 Xcode 的 C 程序设计方法等请参考软件手册和 MOOC 课程等。

第2章 结构化编程练习

简单来说,结构化编程指的是利用结构化的程序控制语句(顺序、选择与循环),设计与实现数据的运算与处理过程(算法),达到通过程序设计解决计算问题的目的。

2.1 数据类型

计算机的指令与数据都是基于二进制的,不同数量的二进制位所代表的数据范围不同,如8位和16位无符号二进制数的表示范围分别为0～255与0～65535;位数相同的二进制数据针对不同的对象所代表的含义与数值也是不同的,如32位的整型与32位的浮点数所代表的含义与数值就完全不一样。C语言通过数据类型来确定编程时所计算与处理数据的数值范围与含义。C语言中的数据类型如图2.1所示。

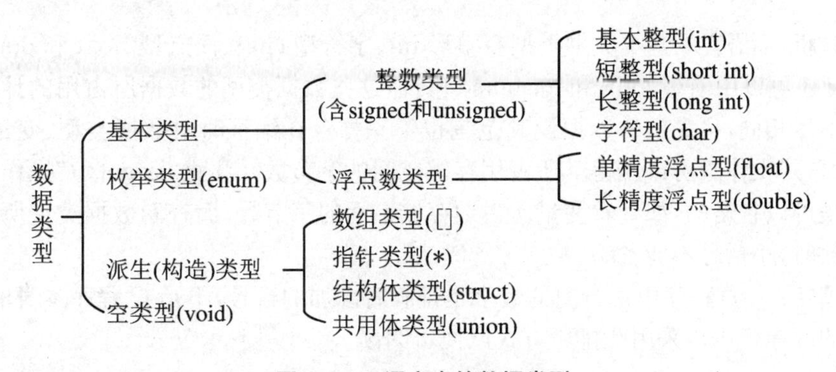

图2.1 C语言中的数据类型

本节主要练习基本的数据类型,数组在2.4节中练习,结构体在2.5节中练习,其他数据类型的练习分布在后续章节中。

2.1.1 知识要点

(1) 程序运行时其值不能被改变的量称为常量(constant),如直接写到程序中的字面常量(即幻数,也称为魔鬼数,因为很难从数字本身判断它的含义)、用"#define"定义的符号常量、枚举常量,以及在定义时用“const”修饰符限制的常变量等。

(2) 程序运行时其值可以被改变的量称为变量(variable)。C语言中的变量需要先定义后使用,且在使用变量的值之前需要给变量赋值(初始化等),变量拥有变量名、类型、值等属性。变量名是C语言中标识符的一种,变量的类型决定了变量所表示数据的范围(也确定了其所用的存储空间大小)与存储数据的方式等。

(3) 标识符(identifier)是用于标识实体的符号,如符号常量名、变量名、函数名、标号等。C语言的标识符由字母、数字和下划线构成,且不能以数字开头。C语言的标识符是区分大小写的(即大小写敏感)。在进行C程序设计时,标识符需要先声明(定义)后才能使用,同时建议使用直观、见文知义、便于记忆与阅读等有意义的且形式统一并与关键字不同的标识符。

(4) C语言中没有专门的数据输入与输出语句,需要通过编译器提供的标准输入输出库“stdio. h”中的函数来完成数据的输入与输出。如单个字符的输入用“getchar”函数,输出用“putchar”函数;格式化的数据输入用“scanf”函数,输出用“printf”函数等。

(5) C语言中的整数用补码方式进行存储。原码是除最高位为符号位(0表示正数,1表示负数)外,其他位都为数据本身绝对值的二进制数值位;正数的反码、补码与其原码相同;负数的反码是其原码除符号位外按位取反,补码则是其反码再加1。补码的补码是原码。

(6) C语言有两种注释方式:用“//”来开始一行的注释,用“/ * ”与“ * /”一起实现连续多行内容的注释。写程序时对代码的作用、目的等给出详细的注释信息是一种很好的习惯。

2.1.2 程序填空练习

1. 基本数据类型所占存储空间的字节数

问题分析:C语言的基本数据类型有整形int、字符型char、浮点型float和double,其中int和char还可以用前缀long和unsigned修饰,这些数据类型的数据所占用的计算机存储空间大小不尽相同,可表示的数据及其范围也不一样。在编程时对数据类型、变量、常量等使用“sizeof()”操作符可以获得其所占用存储空间的字节数。注意“sizeof()”操作符中的小括号有时是可以省略的,如查看变量所占用存储空间的字节数;而查看数据类型所用存储空间的字节数时,小括号不能省略。

程序填空:注意程序中每行前的数字是排版时添加的行号,不是C程序本身的组成,后续章节中的程序代码均采用此排版方式以便于阅读。

```
01  #include <stdio.h>   //包含标准输入输出库函数的头文件,本例中使用printf函数
02  int main()   //main函数的定义:C99标准要求main函数的类型为int
03  {
04      printf("sizeof(int)=%d\n",sizeof(int));   //int类型占用空间字节数
05      printf("sizeof(char)=%d\n",sizeof(char));   //char类型占用空间字节数
06      printf("sizeof(______)=%d\n",sizeof(float));   //float占用空间字节数
07      printf("sizeof(double)=%d\n",sizeof(____));   //double占用空间字节数
08      printf("sizeof(long)=%d\n",sizeof(long));   //long类型占用空间字节数
```

```
09      printf("sizeof(_____)=%d\n",sizeof(_____));  //xx类型占用空间字节数
10      return 0;  //返回 0 给操作系统,表示程序正常执行结束
11  }
```

本章节的程序均在 Windows 10 系统(CodeBlocks 20.03、Dev-C++ 6.7.5、VS Code+GCC)和 Linux 系统(debian 10、Ubuntu 21.10)下编译和运行通过。

运行结果:此程序在 Windows 10 64 位系统下的运行结果如下:

```
01  sizeof(int)=4
02  sizeof(char)=1
03  sizeof(float)=4
04  sizeof(double)=8
05  sizeof(long)=4
06  sizeof(unsigned)=4
```

上面程序的运行结果中,除了打印普通的字符,还打印了"%d"格式符对应的"sizeof"运算符获取的字节数。另外方框内才是程序运行的结果,而每行前的数字和方框是排版时添加的行号等。后续章节中程序的运行结果均采用此排版方式以便于阅读。

2. 基本数据类型所表示数据的存储格式与范围

问题分析:不同的数据类型所占用的计算机存储空间大小不同,其表示数据的格式和范围也不一样。通过示例 1 中的 sizeof()操作符获得不同数据类型所占用的字节数后,如再结合数据的表示格式,就可以得到不同数据类型所表示数据的范围等。

C 语言中的无符号整数,其每一位二进制位都用来表示数据,因无符号整数是表示非负数的,可以理解为是原码存储的方式(因非负数的原码、反码和补码相同)。所以其所能表示数据的范围为所有位为"0"到所有位为"1",如 4 字节的 unsigned int 类型的数据表示范围为 0x00000000(0)~0xffffffff(4294967295)。

C 语言中的有符号整数,其二进制的最高位为符号位(正数为"0"、负数为"1"),而其他的二进制位都用来表示数据。当符号位为"0"时表示的是非负数,依然可以理解为是原码存储的方式(因非负数的原码、反码和补码相同)。但当符号位为"1"时表示的是负数,其存储方式采用了补码,同时规定符号位为"1"、其他位都为"0"时的数是最小的负数。所以其所能表示数据的范围为符号位为"1"、其他位全"0"到符号位为"0"、其他位全"1",如 4 字节的 int 类型的范围为 0x80000000(-2147483648)~0x7fffffff(2147483647)。

C 语言中的浮点数采用 IEEE 754 的标准存储格式,即最高位表示符号位"s"(s 为"0"表示正数、s 为"1"表示负数);接下来的 8 位(4 字节的 float 类型)或 11 位(8 字节的 double 类型)为指数位"E",实际上需要减去 127(float 类型)或 1023(double 类型)才是真正的指数,从而也可以表示正负指数;再接下来的 23 位(float 类型)或 52 位(double 类型)为尾数位"M",实际上再加 1 才为小数部分。并且各个部分都采用了原码的方式。其中指数部分"E"不为全"0"或全"1"时就按照上述存储方式;当"E"为全"0"时,实际的指数等于 1-127(或者 1-1023),且尾数"M"不需要加上"1",即还原为 0.xxxxxx 的小数,这样可以表示±0,以及接近于 0 的很小数字;当"E"为全"1"时,如尾数"M"为全"0",则表示±无穷大(正负由符号

位“s”确定)，如尾数“M”不为全“0”，则表示不是一个数(NaN)。如4字节的float类型所表示数据的范围是0xff7fffff(-3.40282346639e+38)～0x80000001(-1.40129846432e-45)，0，0x00000001(1.40129846432e-45)～0x7f7fffff(3.40282346639e+38)。

程序填空：

```
01 #include<stdio.h>   //包含标准输入输出库函数的头文件，本例中使用printf函数
02 int main()  //main函数的定义：C99标准要求main函数的类型为int
03 {   int i=0x7fffffff;  //最大的int值
04     unsigned u=0xffffffff;  //最大的unsigned int值
05     float f=0xffffffff;  //隐含类型转换，无法得到对应二进制位上的浮点数
06     printf("int_max=%d\n",i);  //打印int的最大值
07     i=__________;  //最小的int值
08     printf("int_min=%d\n",i);  //打印int的最小值
09     printf("unsigned int_max=%u\n",u);  //打印unsigned int的最大值
10     i=__________;  //四个字节的整数存储对应float的最小值
11     f=*(float *)&i;  //强制将四个字节的整数(0xf7ffffff)转换为float
12     printf("float_min=%g\n",f);  //打印float的最小值，%g自动选择指数或小数方式
13     i=__________;  //四个字节的整数存储对应于从左边最接近0的浮点数
14     f=*(float * )&i;  //强制转换为浮点数
15     printf("float_0-=%g\n",f);  //打印从左边最接近0的浮点数
16     i=__________;  //四个字节的整数存储对应于从右边最接近于0的浮点数
17     f=*(float * )&i;  //强制转换为浮点数
18     printf("float_0+=%g\n",f);  //打印从右边最接近于0的值
19     i=__________;  //四个字节的整数存储对应于float的最大值
20     f=*(float *)&i;  //强制转换为浮点数
21     printf("float_max=%g\n",f);
22     return 0;  //返回0给操作系统，表示程序正常执行结束
23 }
```

运行结果：此程序在Windows 10 64位系统下的运行结果如下：

```
01 nt_max=2147483647
02 int_min=-2147483648
03 unsigned int_max=4294967295
04 float_min=-3.40282e+038
05 float_0-=-1.4013e-045
06 float_0+=1.4013e-045
07 float_max=3.40282e+038
```

上面程序运行结果中，整数的表示范围是从其最小值到最大值，范围有限。而浮点数的

表示范围很大，但浮点数的计算机表示存在误差，即表示精度有限。所以根据不同数据类型所占用存储空间的字节数和相应的存储格式，可以获得其表示数据的范围，以此在编写程序时选择合适的数据类型来表示和存储数据。

3. 基本数据类型所表示数据的溢出

问题分析：C语言中不同的数据类型所使用的数据表示位数有限，其所能表示的数据范围也是有限的，如上面的第1个和第2个程序填空。当输入/输出数据、赋值、运算等过程中存在超出数据类型的表示范围时，就会出现溢出的问题，而且编译器不会进行溢出的检查。数据一旦出现了溢出，其代表的数据含义就不正确了，甚至还可能会造成系统安全方面的问题等。

整数因为使用了补码表示与运算，存在“模”的概念，无符号整数的“模”为 $2^{(8\times \text{sizeof}(类型))}$，有符号整数的“模”为 $2^{(8\times \text{sizeof}(类型)-1)}$，类似于钟表盘上的数字，溢出后存在回卷的现象。无符号整数的溢出会以其“模”发生变化，而有符号整数则按实际数据存储的二进制位数进行“截断”处理。

例如 unsigned char 类型的变量值为 255，再加上 5，结果为 260 对 256 的余数，即 4，相当于 255 回卷了 5 个数(其中 256 对应于回卷一次到 0)。

如果 char 类型的变量值为 127(0x7f)，再加 1 就回卷成了 −128(0x80)，再减 1 又回到了 127。

如果 char 类型的变量值为 127 再加上 6，需要回卷 6 个数，即到 −123，从补码运算的角度看 127(0x7f)+6(0x06)结果为 133(0x85)，因为最高位为“1”，因此对于 char 类型的变量来说 0x85 是负数的补码表示，再求补码后为原码 0xfb，即 −123。

另外整型的溢出还存在截断的情况，如把 321(0x141)赋值给 char 类型的变量，结果截断(只保留了低 8 位的 0x41)为 65。

如果 char 类型的变量值为 127 再乘以 6，结果为 762(0x2fa)，截断后取低 8 位(0xfa)给 char 类型的变量，结果为 −6(即 0xfa 的补码)。这相当于运算时高位溢出了。

如果 char 类型的变量值为 −128(0x80)再乘以 6，结果为 −768(0x300)，截断后取低 8 位(0x00)给 char 类型的变量，即最后结果为 0。这同样是运算时高位溢出了。

对于浮点数的溢出，除了用“inf”表示无穷大、用“nan”表示无效的数之外。还对不能表示的很小的数归为 0。如 float 类型的变量值为接近最大值 3.4e+38，再乘以 10.0f(f 表示 float 类型常量)，则结果为“inf”；如 float 类型的变量值为接近最小值 −1.4e−45，再除以 10.0f(f 表示 float 类型常量)，则结果为“0”。

程序填空：

```
01  #include <stdio.h>   //包含标准输入输出库函数的头文件，本例中使用 printf 函数
02  int main()  //main 函数的定义：C99 标准要求 main 函数的类型为 int
03  {   int i= ________;  //最大的 int 值
04      unsigned u= ________;  //最大的 unsigned int 值
05      float f;
06      i++;  //对最大的 int 值再加 1，会出现向上的溢出
07      printf("int overflow:%d\n",i);
08      i--;  //对最小的 int 值再加 1，会出现向下的溢出
```

```
09      printf("int underflow:%d\n",i);
10      i=i*3;  //对最大的 int 值做乘 3 运算,出现了运算时的溢出
11      printf("int operation overflow:%d\n",i);
12      u++;  //对最大的 unsigned int 值再加 1,也会出现向上的溢出
13      printf("unsigned int overflow=%d\n",u);
14      i= __________;  //对应 float 的正无穷大
15      f= *(float *)&i;  //强制将 0x7f800000 转换为 float
16      printf("float_INF=%g\n",f);  //无穷大
17      i= __________;  //对应 float,不是有效数值
18      f= *(float *)&i;  //强制转换为浮点数
19      printf("float_NaN=%g\n",f);  //不是一个数
20      return 0;  //返回 0 给操作系统,表示程序正常执行结束
21  }
```

运行结果:此程序在 Windows 10 64 位系统下的运行结果如下:

```
01  int overflow:-2147483648
02  int underflow:2147483647
03  int operation overflow:2147483645
04  unsigned int overflow=0
05  float_INF=inf
06  float_NaN=nan
```

从上面的程序运行结果,可以看到当对 int 的最大值加 1 或最小值减 1 时都出现了溢出。同样对 unsigned int 的最大值加 1 也会出现溢出。而对 float 类型,如果赋值为一个表示范围之外的数据也会溢出,此时则会输出一个系统定义的符号,如无穷大"inf"或非数字"nan"等。因此在程序设计时应选择合适的数据类型存储和处理数据等,避免在程序运行过程中出现溢出的问题是非常重要的。

4. 基本数据类型所表示数据的输入和输出

问题分析:C 语言没有专门的输入和输出语句,需要通过标准输入输出库函数等来实现数据的输入和输出。对于不同类型的数据输入或输出,需要选用正确的输入和输出函数与相应的格式(函数参数)等。

如字符类型的数据输入可以选用"stdio. h"中的"getchar"函数经过缓冲区输入一个字符,"gets"函数输入一行字符,"scanf"函数的"%c"格式可以输入一个字符、"%s"格式可以输入一串字符等;或选用"conio. h"中的"getch"函数无缓冲不回显地直接输入一个字符、"getche"函数无缓冲有回显地直接输入一个字符等。

而字符类型数据的输出可以选用"stdio. h"中的"putchar"函数输出一个字符,"puts"函数输出一串字符,"printf"函数的"%c"格式输出一个字符、"%s"格式输出一串字符等。

有符号整数类型的数据输入可以选用“stdio. h”中“scanf”函数的“%d”格式以十进制形式输入一个整数、“%o”格式以八进制形式输入一个整数、“%x”或“%X”格式以十六进制形式输入一个整数等。其输出可以选用“printf”函数中的相同格式以十进制、八进制或十六进制形式输出。

无符号整数类型的数据输入可以选用“stdio. h”中“scanf”函数的“%u”格式以十进制形式输入一个无符号整数、“%o”格式以八进制形式输入一个无符号整数、“%x”或“%X”格式以十六进制形式输入一个无符号整数等。其输出可以选用“printf”函数中的相同格式以十进制、八进制或十六进制形式输出。

float 类型数据的输入可以选用“stdio. h”中“scanf”函数的“%f”“%e”或“%g”格式以小数或指数形式输入一个单精度浮点数；其输出可以选用“printf”函数中的“%f”格式以小数形式输出、“%e”格式以指数形式输出、“%g”格式自动以小数和指数形式中宽度低的一种形式输出。

double 类型数据的输入可以选用“stdio. h”中“scanf”函数的“%lf”格式以小数或指数形式输入一个双精度浮点数；其输出可以选用“printf”函数中的“%f”或“%lf”格式以小数形式输出、“%e”格式以指数形式输出、“%g”格式自动以小数和指数形式中宽度低的一种形式输出。

程序填空：

```
01  #include <stdio.h>
02  int main()
03  {
04      char c;
05      unsigned short s;
06      double d;
07      printf("Input one char:");  //打印一串字符,起到提示作用
08      c= _______ ;  /*从键盘输入一个字符(在屏幕上有显示)到缓冲器后,回车后再通过缓
    冲器输入一个字符到变量 c 中*/
09      printf("ASCII:%d\n",c);  //打印输入字符的 ASCII 码
10      printf("Input one short:");  //提示输入 short 类型的数据
11      scanf(_________);  //%d 可以输入无符号整数,但如果输入负数会出现数据不正确
12      printf("unsigned short:%u\n",s);  //打印无符号数,即非负数
13      printf("Input one real:");  //提示输入一个实数
14      scanf(_________);  //%f 输入 double 类型的数,不匹配,无法正确输入
15      printf("double:%g\n",d);  //自动选择小数或指数小数输出
16      return 0;
17  }
```

运行结果：此程序在 Windows 10 64 位系统下的运行结果如下：

```
01  Input one char:a
02  ASCII:97
03  Input one short:-123
04  unsigned short:65413
05  Input one real:1.23
06  double:1.01801e-311  //(输出可以是任意值)
```

从上面的程序运行结果,可以看到字符类型数据在计算机中其实是一个小整数(占一个字节);用“scanf”函数从键盘输入整数时,同样存在溢出的情况;而用“scanf”函数的“%f”格式不能正确地从键盘输入double类型的数据。因此在输入和输出数据时,选择合适的库函数与正确的格式等是很重要的。

5. 浮点数据类型的精度和误差

问题分析:十进制小数向二进制小数转换(乘2取整)时,存在无法完全准确转换的问题,即转换后的二进制位数很多或无限多。而C语言中的浮点数(float和double)使用了有限的二进制位来表示小数,因此在C语言中表示小数的精度是有限的,也即存在着误差。

4字节的float类型采用了23位表示小数部分(隐含的小数点前的1对精度没有影响),最小的小数为2^{-23},即1.1920928955078125e-7,因此精度位于小数点后6~7位,准确的为小数点后6位,算上隐含的小数点前的1只有7位有效数字。超出精度和有效位数时即存在误差。

8字节的double类型采用了52位表示小数部分(隐含的小数点前的1对精度没有影响),最小的小数为2^{-52},即2.2204460492503130808472633361816e-16,因此精度位于小数点后15~16位,准确的为小数点后15位,算上隐含的小数点前的1只有16位有效数字。超出精度和有效位数时即存在误差。

程序填空:

```
01  #include <stdio.h>
02  int main()
03  {
04      float a=1.75,b=1.35;  //十进制小数向二进制小数转换时存在误差
05      float c=a+b;  //运算时采用存在误差的二进制小数
06      printf("_______\n",c,c);  /*默认的"%f"格式存在四舍五入,且只输出小数点后6
    位,即满足精度输出,如果用“%.7f”格式输出小数点后7位,可以看到误差存在*/
07      a=1.234567e10;  //十进制小数向二进制小数转换时存在误差
08      b=20;
09      c=a+b;  //运算时采用存在误差的二进制小数
10      printf("_______\n",c,c);  /*超出了有效数字位数,同样出现误差,而且一个很大的
    浮点数与一个小的浮点数作运算时,存在小的浮点数因精度和有效数字位数的限制而丢失*/
11      return 0;
```

```
12  }
```

运行结果:此程序在 Windows 10 64 位系统下的运行结果如下：

```
01  3.100000,3.0999999
02  12345669632.000000,12345669632.000000
```

从上面的程序运行结果,可以看到浮点数虽然可以表示更大的数,但浮点数有限的精度和有效数字位数会导致误差的出现。解决此问题,可以换成精度更高的 double 类型,或 long double 类型。

2.1.3　自主编程练习

1. 长数据类型

参考本节的第 1 个程序填空,使用 sizeof 运算符获取当前编程环境中“long long”和“long double”类型所占用存储空间的字节数,以及常量 1,“a”和 1.0 所占用空间字节数,使用 printf 语句输出如下信息(每行末尾的数字可能不同,因为每种数据类型占用的空间字节数是由指令集对应的设计者规定的):

```
01  sizeof(long long)=8
02  sizeof(long double)=16
03  sizeof(1)=4
04  sizeof('a')=4
05  sizeof(1.0)=8
```

2. 不定长度的数据类型

参考本节的第 2 个程序填空,了解当前编程环境中“char”“unsigned char”“long”和“double”类型所表示数据的存储格式与范围。

如在 Windows 10 64 位系统中的 CodeBlocks 20.03 编译环境和用 VS Code 配合 MinGW-w64 编译环境下都可以获得以下信息:

```
01  char_max=127
02  char_min=-128
03  unsigned char_max=255
04  long_max=2147483647
05  long_min=-2147483648
06  double_min=-1.79769e+308
07  double_0- =-4.94066e-324
08  double_0+ =4.94066e-324
09  double_max=1.79769e+308
```

3. 短数据类型的取值范围

将“125 + 126”的运算结果分别赋值给“char”“unsigned char”和“short”类型的变量，并用“printf”函数的“%d”格式打印出三个变量的值，分析打印结果。

如在 Windows 10 64 位系统中的 CodeBlocks 20.03 编译环境和用 VS Code 配合 MinGW-w64 编译环境下都可以输出以下信息：

```
01  -5,251,251
```

4. 不同类型的数据表示

用“printf”函数的“%c”“%d”“%u”“%x”“%o”“%lld”“%f”“%lf”等格式分别打印宏定义“-1”的值，然后修改宏定义的值分别为“255”和“255.0”并打印，最后分析比较打印结果。

如在 Windows 10 64 位系统中的 CodeBlocks 20.03 编译环境和用 VS Code 配合 MinGW-w64 编译环境下都可以输出以下三组数据：

```
01  ,-1,4294967295,ffffffff,37777777777,4294967295,0.000000,0.000000
```

```
01  ,255,255,ff,377,255,0.000000,0.000000
```

```
01  ,0,0,0,0,4643176031446892544,255.000000,255.000000
```

5. 数据的有效位数

将“123456789 + 1234567890”的运算结果分别赋值给“int”和“float”类型的变量，并用“printf”函数的“%d”与“%f”格式打印出两个变量的值，分析打印结果。

如在 Windows 10 64 位系统中的 CodeBlocks 20.03 编译环境和用 VS Code 配合 MinGW-w64 编译环境下都可以输出以下信息：

```
01  1358024679,1358024704.000000
```

2.2 表达式与运算规则

C 程序由一条条语句构成，语句则通常由表达式构成。常见的表达式由运算符(即实现计算的符号)和操作数(即参与计算的数)构成。C 语言拥有非常丰富的运算符，处理不同类型的数据时往往需要使用不同的运算符。当表达式中出现多个运算符和表达式(或子表达式)时，其运算规则(即运算的先后顺序)由运算符的优先级和结合方向决定。表 2.1 给出了 C 语言中的运算符种类及其优先级和结合方向等。

表2.1 C语言的运算符与优先级

优先级	运算符	运算	使用形式	结合方向	备注
1 (最高)	[]	数组下标	数组名[整型]	从左到右	数组定义/引用
	()	小括号	(表达式);(参数)		改变优先级;函数
	.	成员选择	结构变量名.成员		结构体变量
	->	成员选择	结构指针->成员		结构体指针变量
2 (次高)	-	负号	-表达式	从右到左	单操作数
	~	按位取反	~表达式		单操作数
	++	自加1	++变量/变量++		单操作数
	--	自减1	--变量/变量--		单操作数
	*	取值/指针	*指针变量		单操作数
	&	取地址	&变量名		单操作数
	!	逻辑非	! 表达式		单操作数
	sizeof	取字节数	sizeof(表达式)		存储空间字节数
	(类型)	类型转换	(类型)表达式		强制类型转换
3 (第三)	*	乘法	表达式*表达式	从左到右	双操作数
	/	除法	表达式/表达式		双操作数
	%	求余	表达式%表达式		双目:整型
4	+	加法	表达式+表达式	从左到右	双操作数
	-	减法	表达式-表达式		双操作数
5	<<	左移	变量名<<表达式	从左到右	双操作数
	>>	右移	变量名>>表达式		双操作数
6	>	大于	表达式>表达式	从左到右	双操作数
	>=	大于等于	表达式>=表达式		双操作数
	<	小于	表达式<表达式		双操作数
	<=	小于等于	表达式<=表达式		双操作数
7	==	等于	表达式==表达式	从左到右	双操作数
	!=	不等于	表达式!=表达式		双操作数
8	&	按位与	表达式&表达式	从左到右	双操作数
9	^	按位异或	表达式^表达式	从左到右	双操作数
10	|	按位或	表达式|表达式	从左到右	双操作数
11	&&	逻辑与	表达式&&表达式	从左到右	双操作数
12	||	逻辑或	表达式||表达式	从左到右	双操作数
13	?:	条件运算	exp1? exp2:exp3	从右到左	三操作数

续表

优先级	运算符	运算	使用形式	结合方向	备注
14	= ;/= ;*=	直接赋值,复合赋值	直接赋值:右值给左式;复合赋值:左式参与右式运算后赋值给左式	从右到左	双操作数
	%= ;+= ;-=				双操作数
	<< = ;>> =				双操作数
	&= ;^= ;|=				双操作数
15(最低)	,	逗号运算	表达式 1,表达式 2	从左到右	双操作数

从表 2.1 可以看出,方括号、小括号和结构体成员选择运算符的优先级最高,然后是单目运算符,接着依次是算术运算符、关系运算符、逻辑运算符、赋值运算符和逗号运算符。位运算符中的按位取反(~)和逻辑运算符中的取反(!)都属于单目运算符。位运算符中的移位运算符(<< 和>>)的优先级低于算术运算符,高于关系运算符;而按位与(&)、异或(^)和或(|)位运算符的优先级低于关系运算符,高于逻辑运算符。

结合方向除了单目运算符、条件运算符和赋值运算符是从右到左结合(即右结合)外,其余都是从左到右结合(即左结合)。

2.2.1 知识要点

(1) C 语言的表达式代表的是一个值,如幻数、常量、变量、函数调用等都是表达式。还有一种常用的表达式是由运算符将其操作对象(操作数)连起来构成的,如算术表达式、关系表达式、逻辑表达式、赋值表达式、逗号表达式等。

(2) 既然表达式代表的是一个值,那么这个值一定是有类型的,也就是表达式的类型。

(3) 表达式中不同类型运算符的运算规则由运算符的优先级和结合方向决定。如运算符所涉及的操作数类型不同,则存在隐式类型转换,即表达式中参与运算的两个操作数类型不同时,编译器会自动将取值范围小的操作数类型转换为取值范围大的操作数类型后再作运算。也可以通过显式的强制类型转换去改变操作数的类型后再作运算。

2.2.2 程序填空练习

1. 算术表达式

问题分析:算术表达式由算术运算符(正负号,+,-,*,/,%,++,--)和相应的操作数构成,且表达式的值为整个表达式最后的运算结果。

正号(+)是单目运算符(单操作数),它不会改变其操作对象(如常量、变量、表达式等),一般默认可以不写。负号(-)也是单目运算符,它会对其操作对象(如常量、变量、表达式等)取负。正负号的操作数可以是整型(含字符类型等相当于整数的数)和浮点型。

加(+)、减(-)、乘(*)、除(/)都是双目运算符，加、减、乘、除运算符的两个操作数都可以是基本的数据类型，同时可以连续做算术运算，即操作数还是算术表达式(也称子表达式)，如1+2+3+4等。但当两个整数相除时，其结果只保留商中的整数部分而丢掉小数，且0不能作为除数。其他运算规则与数学上的运算规则相同，但需要注意隐含的类型转换以及运算过程中产生溢出的问题。注意编程时无论乘法运算的操作数是什么，其乘号(*)都不能省略，其他的运算符更不能省略。

求余(%)运算符是双目运算符，其两个操作数只能是整型的，其运算结果为左操作数除以右操作数的余数，且结果的正负与左操作数相同。

自增运算符(++)和自减运算符(--)是单目运算符，其操作对象可以是基本的数据类型，且一般只能是变量。自增或自减运算符可以放在变量前面(即前缀形式)，也可以放在变量后面(即后缀形式)，其作用都是对变量进行自增1或自减1。但前缀形式的自增或自减表达式的值为自增或自减后变量的值，而后缀形式的自增或自减表达式的值为自增或自减前变量的值。

程序填空：

```
01  #include <stdio.h>
02  int main()
03  {
04      int i=-1;
05      float f=3;
06      printf("%d,%d\n",______,-i);  //对i取负再取负,以及对i取负操作
07      printf("int_div:%d,%d\n",2/3,3/2);  //整数2和3相互进行除法运算
08      printf("int double div:%f,%f\n",____/3,____/2);  /*一个整数与一个浮点数进行
    除法运算,可对两个整数之一作强制类型转换,或写成浮点数形式*/
09      printf("%%+-:%d,%d,%d\n",1%-2,______,-1%-2),  /* 正负1对正负2求余运算,
    其结果的正负与左操作数相同*/
10      printf("++i=%d,--f=%f\n",______,--f);  /* 打印i前缀形式的自增、f前缀形式
    的自减表达式的值*/
11      printf("i=%d,f=%f\n",i,f);  //打印当前i和f的值
12      printf("i++=%d,f--=%f\n",i++,______);  /* 打印i后缀形式的自增、f后缀形式
    的自减表达式的值* /
13      printf("i=%d,f=%f\n",i,f);  //打印当前i和f的值
14      return 0;
15  }
```

运行结果：此程序在Windows 10 64位系统下的运行结果如下：

```
01  -1,1
02  int_div:0,1
03  int double div:0.666667,1.500000
04  %+-:1,-1,-1
05  ++i=0,++f=2.000000
06  i=0,f=2.000000
07  i++=0,f++=2.000000
08  i=1,f=1.000000
```

2. 关系表达式

问题分析:关系表达式是由关系运算符(>,>=,<,<=,==,!=)和两个操作数构成的,且表达式的值为整个表达式最后的运算结果。关系表达式的值只有“0”和“1”两种。注意编程时虽然可以做连续的关系运算(即关系运算的对象还是关系表达式),但其结果是不可预料的,如“3>2>1”表达式的结果为“0”。

大于(>)、大于等于(>=)、小于(<)和小于等于(<=)关系运算符的两个操作数都可以是基本类型的数据,或是算术表达式等。注意可能产生溢出问题的比较,比如对两个无符号整型变量($a=1,b=2$),“a-b<0”的结果为“0”。

等于(==)、不等于(!=)一般用于比较两个可精确表示的数据,如整型数据。对于存在精度和误差限制的浮点数,使用这两种关系运算符,同样会出现意想不到的结果。如float类型的变量“f=0.1”,但表达式“f==0.1”的结果为“0”。注意关系运算符的等于是两个等号,不是一个等号(赋值运算符)。

复杂的关系表达式常常离不开逻辑表达式。

程序填空:

```
01  #include <stdio.h>
02  int main()
03  {
04      int a=3,b=3,c=3;
05      printf("a>b:%d,a<b:%d,a==b:%d\n",a>b,a<b,a==b);  //a与b的关系
06      printf("a is odd:% d,b is odd:%d\n",____ ,____ );  //a和b是奇数?
07      printf("a can be divided by b:%d\n",________);  //a能被b整除
08      printf("a==b==c:%d\n",a==b==c);  //无法实现判定三个数相等
09      printf("a+b>b-c:%d\n",a+b>b-c);  //判定运算结果的大小
10      printf("a+(b<c):%d\n",a+(b<c));  //满足条件加1,否则保持不变
11      return 0;
12  }
```

运行结果:此程序在Windows 10 64位系统下的运行结果如下:

```
01  a>b:0,a<b:0,a==b:1
02  a is odd:1,b is odd:1
03  a can be divided by b:1
04  a==b==c:0
05  a+b>b-c:1
06  a+(b<c):3
```

3. 逻辑表达式

问题分析:逻辑表达式是由逻辑运算符(&&,||,!)和相应的操作数构成的,逻辑表达式的操作对象一般为关系表达式或逻辑表达式,当然也可以是一些数值类型的其他表达式等。逻辑表达式的值为整个表达式最后的运算结果,其值只有"0"和"1"(非 0 即为 1)两种。

逻辑与(&&)运算符的两个操作数都为非零时其表达式的值才为"1",否则表达式的值为"0"。当逻辑与运算符左边的操作数为"0"时,即可判定整个逻辑运算的结果为"0",而不会再计算或处理右边的操作数,这种现象一般称为屏蔽或短路。

逻辑或(||)运算符的两个操作数都为"0"时其表达式的值才为"0",否则表达式的值为"1"。当逻辑或运算符左边的操作数为"1"时,即可判定整个逻辑运算的结果为"1",而不会再计算或处理右边的操作数,即屏蔽或短路现象。

逻辑非(!)运算符是单目运算符,当操作对象为"0"时,逻辑非运算的结果为"1",若操作对象不为"0",则逻辑非运算的结果为"0"。

程序填空:

```
01  #include <stdio.h>
02  int main()
03  {   int i,res;  //res 表示 result
04      scanf("%d",&i);  //输入一个整数到 i
05      res= ____________ ;  //如 i 为 0,i 自增 1,否则 i 不变
06      printf("&&=%d,i=%d\n",res,i);
07      res= ____________ ;  //如 i 不为 1,i 自减 1,否则 i 不变
08      printf("||=%d,i=%d\n",res,i);
09      res= ____________ ;  //i 为 1 或 2,或 res 为 0,结果为 1
10      printf("res=%d\n",res);
11      return 0;
12  }
```

运行结果:此程序在 Windows 10 64 位系统下的两次运行结果如下:

```
01  -1
02  &&=0,i=-1
03  ||=1,i=-2
04  res=0
```

```
01  0
02  &&=0,i=1
03  ||=1,i=1
04  res=1
```

4. 条件表达式

问题分析：条件表达式是由条件运算符(?:)和三个操作数构成的。条件运算符是C语言中唯一的一个三目运算符，它的三个操作数中间用"?"和":"分隔，"?"前面的操作对象一般为关系或逻辑表达式，":"两边的操作对象可以是各种类型的表达式。如果"?"前面表达式的值为非"0"(即为真)，整个条件表达式的值为":"前面的表达式的值，否则为其后面的表达式的值。

程序填空：

```
01  #include <stdio.h>
02  int main()
03  {
04      int a,b,c,max;
05      scanf("%d%d%d",&a,&b,&c);  //输入3个整数到a,b,c
06      max= ________;  //a和b谁大
07      printf("max of a b :%d\n",max);
08      max= ________________________;  //a,b和c谁最大
09      printf("max of a b c :%d\n",max);
10      return 0;
11  }
```

运行结果：此程序在 Windows 10 64 位系统下的两次运行结果如下：

```
01  2 5 3
02  max of a b:5
03  max of a b c:5
```

```
01  2 3 5
02  max of a b:3
03  max of a b c:5
```

5. 赋值表达式

问题分析：赋值表达式是由赋值运算符(=,+=,-=,*=,/=,%=,<<=,>>=,&=,|=,^=)和两个操作数构成的。赋值表达式是将赋值运算符右边的值(简称右值，可以是常量、变量和表达式等)赋给运算符左边(简称左值，一般只能是变量)，即把右值存入左值(注意与数学上的等号不同)。赋值表达式的左值为其整个赋值表达式的值。赋值运算符的优先级仅高于逗号运算符，低于其他运算符，且是右结合。当赋值运算符右值的类型与左值不同时，会隐含将右值转换为左值类型后再赋给左值。

最常见的赋值表达式是由普通赋值运算符(=)组成的，如变量定义时赋初值等。赋值运算符的右边可以是常量、变量和表达式，甚至还可以是赋值表达式，只要按右结合满足可以将右值存入左值，且左值都是定义了的。如"int a=1,b,c,d; d=c=b=a+1;"，注意不能写成"int a=1,d=c=b=a+1;"，因为后面的赋值不能同时完成变量的定义，即"d,c,b"变量此时没有定义，编译程序会出现错误。

算术运算复合赋值运算符有"+="(加赋值)、"-="(减赋值)、"*="(乘赋值)、"/="

(除赋值)和“%= ”(求余赋值)。这类赋值运算符先将左值与右值作算术运算后再将运算结果赋给左值，如“a += b”相当于“a = a + b”。注意复合赋值时是将右值作为一个整体与左值作运算的，如“a *= b - c”相当于“a = a *(b - c)”。复合赋值运算符的其他特性同普通赋值。

位运算复合赋值运算符有“<< = ”(左移赋值)、“>> = ”(右移赋值)、“&= ”(按位与赋值)、“|= ”(按位或赋值)和“^ = ”(按位异或赋值)。这类复合赋值运算符除了运算本身不同、操作数要求是整数以外，其他的特性与算术运算复合赋值运算符相同。

程序填空：

```
01  #include <stdio.h>
02  int main()
03  {
04      float f=-2.1,g=3,h=4;  //注意隐式类型转换
05      int a=1,b=2,c=3.2;  //注意隐式类型转换
06      int d=a=b=c;  //定义变量 d 并和 a,b 都用 c 进行赋值
07      printf("a=%d,b=%d,c=%d,d=%d\n",a,b,c,d);  //打印 a,b,c,d 的值
08      __________ ;  //计算并打印 a*=b/=c+=d 的值,注意其中的整数相除
09      printf("a=%d,b=%d,c=%d,d=%d\n",a,b,c,d);  //打印 a,b,c,d 的值
10      __________ ;  //计算并打印 f*=g-=h+=d 的值,注意其中的隐式类型转换
11      printf("f=%f,g=%f,h=%f\n",f,g,h);  //打印 f,g,h 的值
12      return 0;
13  }
```

运行结果：在下方填入示例程序的运行结果。

```
01
02
03
```

6. 逗号表达式

问题分析：逗号表达式是由逗号运算符(,)和两个操作数构成的，这两个操作数可以是任意类型的常数、变量和表达式，也可以是逗号表达式。逗号运算符的优先级最低，且是从左到右逐个计算的，最右边的操作对象的值为整个逗号表达式的值。逗号表达式常用于处理或计算多个值的场合，如“int a = 2,b,c; b = a * 3;c = a + b;”可写成逗号表达式“int a = 2,b,c; c = (b = a * 3,a + b);”。

程序填空：

```
01  #include <stdio.h>
02  int main()
03  {
04      int a,b,c;
05      scanf("%d",&a);  //输入一个整数到 a
```

```
06        b=(__________,a++);  //先把 a 求绝对值,a 再加 1,最后逗号表达式的值给 b
07        printf("a=%d,b=%d\n",a,b);  //先按自己的理解给出结果
08        c=(a++,b*=a,++a);  //注意每个操作对象的值与变量的值的区别
09        printf("a=%d,b=%d,c=%d\n",a,b,c);  //先按自己的理解给出结果
10        return 0;
11    }
```

运行结果:在下方填入示例程序的运行结果。

```
01
02
```

2.2.3 自主编程练习

1. 算术表达式

练习要求:变量 a,b 为 int 类型,x,y 为 double 类型,先笔算下列算术表达式的值,再编程在 printf 函数中计算与打印这些表达式的值,其中的变量值先通过 scanf 函数从键盘输入。对比两次计算的结果,如存在差异请分析原因。

(1) 3.5+1/2+56%10。

(2) a++*1/3,假设 $a=3$。

(3) x+a%3*(int)(x+y)%2/4,假设 $a=3,x=3.5,y=4.6$。

(4) (float)(a+b)/2+(int)x%(int)y,假设 $a=2,b=3,x=3.5,y=4.6$。

2. 关系和逻辑表达式

练习要求:变量 a,b,c 均为 int 类型,先笔算下列关系和逻辑表达式的值,再编程在 printf 函数中计算与打印这些表达式的值,其中的变量值先通过 scanf 函数从键盘输入。对比两次计算的结果,如存在差异请分析原因。

(1) b>c&&b==c,假设 $b=3,c=4$。

(2) !(a>b)&&!c||1,假设 $a=2,b=3,c=4$。

(3) !(x=a)&&(y=b)&&0,假设 $a=2,b=3$。

(4) !(a+b)+c-1&&b+c/2,假设 $a=2,b=3,c=4$。

(5) 1&&30%10>=0&&30%10<=3。

3. 赋值和条件表达式

练习要求:变量 a,b,c 均为 int 类型,先笔算下列赋值、条件表达式的值,再编程在 printf 函数中计算与打印这些表达式的值,其中的变量值先通过 scanf 函数从键盘输入。对比两次计算的结果,如存在差异请分析原因。

(1) a+=a+b,假设 $a=2,b=3$。

(2) a*=b%c,假设 $a=2,b=3,c=4$。

(3) a/=c-a,假设 $a=2,c=4$。

(4) a+=a-=a*=a,假设 $a=2$。

(5) a=(a=++b,a+5,a/5),假设 $a=2,b=3$。

(6) (a>=b>=2)?1:0,假设 $a=2,b=3$。

2.3　控制语句与基本算法

语句是C程序的基本单元,最简单的就是由一个英文的分号(";")构成的空语句,它虽然什么都没有做,却占用计算机一个周期的运行时间。还有以英文分号结束的函数调用语句,如"scanf("%d",&a);"。在表达式后加上英文分号就是表达式语句,如"3;""a+=b;""a++,b*=a;"等。虽然有的表达式语句没有任何意义,但其依然是C程序的语句。控制语句是C程序中非常重要的一种语句,如分支、循环等。另外还有中断和跳转语句,如"goto""break""continue""return"等。最后还有用一对大括号将以上各种语句括起来的复合语句(即块语句),复合语句相当于一条语句。

程序设计时,只学习编程语言的语法等还不够,因为编程的目的是要解决问题,用计算机解决问题还需要解决问题的方法和步骤,即算法。算法是利用计算机解决问题的灵魂,简单的算法如打印信息、输入输出数据、算术运算等,还有稍微复杂一点的如比较大小、数据交换、求最大/小数、奇偶数判断、闰年判断、求解方程、求解数列、查找、排序等。很多程序设计的算法都是基于数学、物理等自然学科和计算机等各种专业学科或经验等,如穷举法、递推/迭代法、贪心法和分治法等基本算法。

2.3.1　知识要点

(1) 除预编译指令(如"#include""#define"等)、声明和定义时的初始化以外,C语言的基本语句(空语句、函数调用语句、表达式语句、控制语句、中断和跳转语句、复合语句等)都只能写在函数里。

(2) C语言的分支语句是根据条件判断执行不同分支中的一个,如"if…else if…else…"。分支语句可以有多种形式,如单分支"if(条件)…"、两分支"if(条件)…else…"和多分支"if(条件1)…else if(条件2)…else if(条件n)…else…"等。另外一种多分支语句是"switch(整型量){case 整型数1:…;case 整型数2:…;default:…}"。分支语句可以嵌套。

(3) 循环语句是根据条件判断可以多次执行一条或多条相同语句的结构,如"for""while""do…while"循环语句等。循环语句可以嵌套。

(4) "break"语句可以用于"switch"语句和循环语句中,以提前结束此"switch"或循环语句。即在"switch"或循环语句中遇到"break"语句就会跳出"switch"或循环语句,进入"switch"或循环语句之后的语句执行。对于嵌套的"switch"或循环语句,只是跳出离"break"语句最近的。

(5) "continue"语句只能用于循环语句中,会跳过本次循环剩下的语句,提前结束本次循环,进入下一次循环继续执行。

(6) 跳转语句"goto"无条件跳转到当前函数中指定的标号(由标识符后跟冒号构成)处执行,一般与分支语句结合构成条件跳转。"goto"语句与要跳转的标号只能在同一个函数内部,且不能重名。"goto"会破坏程序的结构化,建议在程序设计时尽可能少用或不用。

(7) 程序设计的算法需要有确定性、有限性、有效性、0或多个输入,以及至少一个输出等特性。

2.3.2 程序填空练习

1. 求π的近似值

要求程序运行时可选择使用不同的基本数据类型(float,double,long double),以计算出不同精度的π近似值。

问题分析:关于π近似值的求法有很多种,比如:$\frac{\pi}{2}=\frac{2\times2}{1\times3}\times\frac{4\times4}{3\times5}\times\frac{6\times6}{5\times7}\times\frac{8\times8}{7\times9}\times\cdots\times\frac{(2n)^2}{(2n-1)\times(2n+1)}$,$\frac{\pi}{4}=1-\frac{1}{3}+\frac{1}{5}-\frac{1}{7}+\cdots+\frac{(-1)^{n-1}}{2n-1}$,$\frac{\pi^2}{6}=\frac{1}{1^2}+\frac{1}{2^2}+\frac{1}{3^2}+\frac{1}{4^2}+\cdots+\frac{1}{n^2}$等。任意选择一种方法求π的近似值即可。现以$\frac{\pi}{2}=\frac{2\times2}{1\times3}\times\frac{4\times4}{3\times5}\times\frac{6\times6}{5\times7}\times\frac{8\times8}{7\times9}\times\cdots\times\frac{(2n)^2}{(2n-1)\times(2n+1)}$为例来编写程序求解π的近似值。因计算π的公式中已经给出了通用项,通过循环迭代就可以实现π近似值的求解。图2.2给出了利用乘积项求解π近似值的流程图。迭代次数在程序运行时提示输入,再在运行时选择计算的数据类型,可以实现计算不同精度的π近似值。

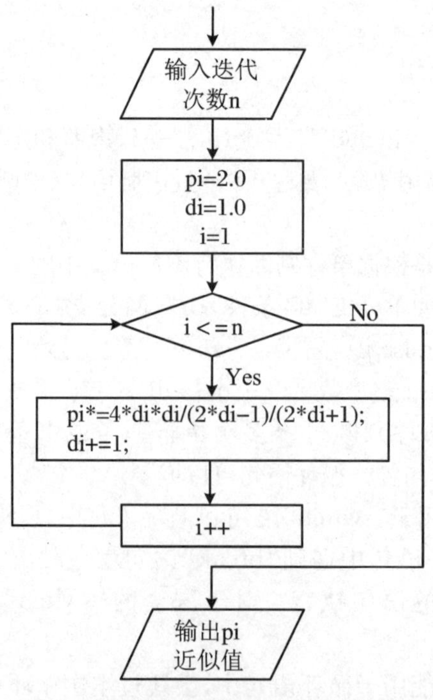

图2.2 乘积项求解π近似值的流程图

程序填空：

```
01  #include <stdio.h>
02  int main()  //练习3:求pi的近似值
03  {
04      unsigned int i,n=100;  //n-迭代次数
05      unsigned int t=1;  //选择数据类型:1-float,2-double,3-long double
06      float f_pi=2.0,f_i=1.0;  //用float计算,6位小数
07      double d_pi=2.0,d_i=1.0;  //用double计算,15位小数
08      long double ld_pi=2.0,ld_i=1.0;  //用long double计算,18位小数
09      printf("输入计算的迭代次数(0～4294967295):");  //提示
10      scanf("%u",&n);  //输入一个无符号整数到n
11      printf("选择数据类型:1-float,2-double,3-long double:");  //提示
12      scanf("%u",&t);  //输入一个无符号char(1字节整数)到t
13      ________________  //填空:计算n次
14      {
15        switch (t)  //根据选择的类型进行计算
16        {
17          case 1:
18            f_pi*=4.0*f_i*f_i/(2*f_i-1)/(2*f_i+1);  //float
19            f_i+=1.0;
20            break;
21          case 2:
22            ______________________________;  //填空:double
23            d_i+=1.0;
24            break;
25          case 3:
26            ld_pi*=4.0*ld_i*ld_i/(2* ld_i-1)/(2*ld_i+1);  //long double
27            __________;  //填空
28            break;
29        }
30      }
31      switch(t){  //根据选择的类型输出计算结果
32        case 1: printf("迭代%u次,pi近似为:%.8f\n",n,f_pi);
33          break;
34        case 2: printf("迭代%u次,pi近似为:%.16f\n",n,d_pi);
35          break;
```

```
36        case 3: printf("迭代%u次,pi近似为:%.20Lf\n",n,ld_pi);
37          break;
38      }
39      return 0;
40  }
```

运行结果：此程序在Windows 10 64位系统下的运行结果如下：

```
01  输入计算的迭代次数(0～4294967295):100000
02  选择数据类型:1-float,2-double,3-long double:2
03  迭代100000次,pi近似为:3.1415847996572062
```

在运行此程序时输入不同的迭代次数和计算时所用的数据类型，可以得到不同精度的π近似值。从计算π近似值的结果可以发现，随着计算迭代次数的增加，计算所耗费的时间在不断增加，π近似值的精度也在提高。同时由于C程序数据类型的精度限制，当计算的次数达到一定量后，π近似值的精度无法再提高。

另外，因"long double"数据类型是C99标准，其在不同编译系统下得到的结果不同，甚至有的编译环境不支持"%Lf"的"printf"输出格式。

2. 房贷计算器

设计一个程序用于计算购房贷款每月还款金额等。要求输入购房面积、单价、首付比例、贷款利率、贷款年限，然后输出等额本息和等额本金两种贷款的月还款金额与总还款金额；另外要求程序具有命令界面：输入字母"s"时进入购房贷款计算界面，计算结束后返回命令界面；输入字母"e"时退出程序。

问题分析：国内目前有两种购房贷款按揭方式：

等额本息：先还剩余本金的利息，再还本金，每月还款中的利息随着剩余本金的减少而减少，但本金在每月还款中的比例却不断增加，也就是保持每月的还款金额相同，每月还款额的计算公式为：$贷款本金\times月利率\times(1+月利率)^{还款月数}\div((1+月利率)^{还款月数}-1)$；

等额本金：每月还款中的本金保持不变，而利息会随着本金的减少而逐渐减少，每月还款额的计算公式为：贷款本金÷还款月数+(贷款本金−已还本金累计金额)×月利率。

相关术语解释：贷款本金=贷款总额；月利率=年利率÷12；还款月数=贷款年限×12，其中贷款年限一般最长30年。

至于要求的程序界面，可以结合循环语句、分支语句以及输入输出函数来完成。图2.3给出了详细的程序设计流程。

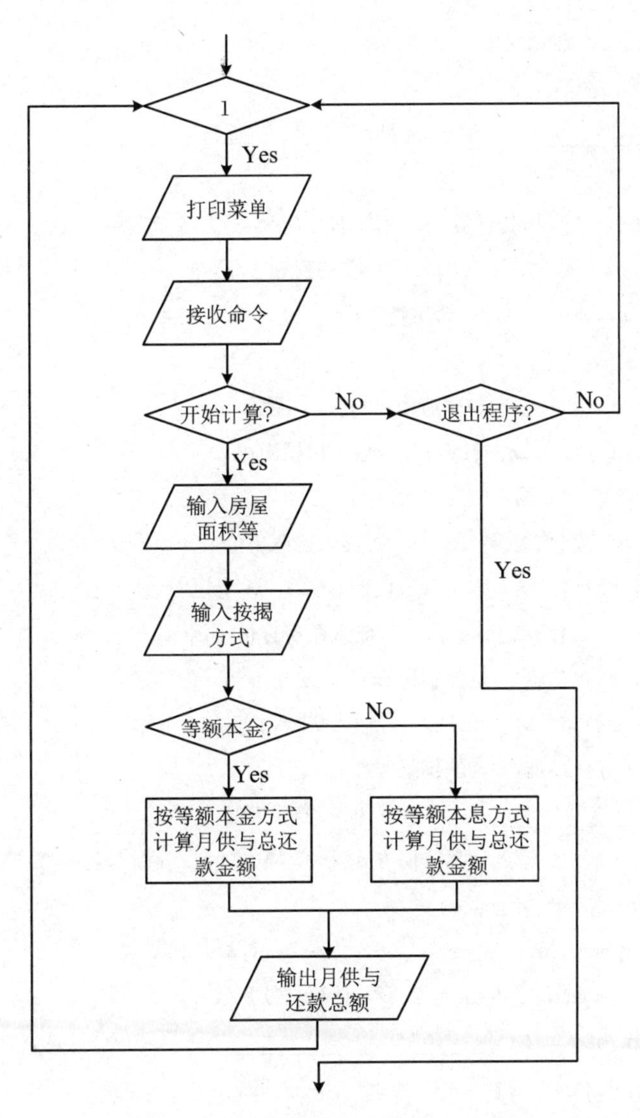

图 2.3　购房贷款按揭的程序设计流程图

程序填空：

```
01  #include <stdio.h>
02  int main()  //练习 4:设计购房贷款按揭计算程序
03  {
04      char ctrl;  //用于程序菜单控制,'s'-进入贷款计算,'e'-退出程序
05      float h_aera=0,h_price=0,h_cash=0,h_rate=0,h_year=0;  /*购房面积,单价,首付
比例,贷款利率和年限*/
06      unsigned int loan_month;  //贷款月数
07      float loan_sum,loan_mon_rate;  //贷款总额,月利率
08      float mon_pay,pay_sum=0;  //月还款金额,总还款金额
09      int h_type=1;  //贷款按揭方式:0-等额本息,1-等额本金
```

```
10        float t;  //临时变量
11        int i;  //循环变量
12        ______________  //填空：死循环：程序一直运行
13        {
14          printf("\ns-房贷计算\ne-退出程序\n");  //提示菜单
15          ctrl=getchar();  //输入一个字符到 ctrl 变量
16          if(ctrl=='s')  //计算房贷
17          {
18            printf("(1)输入购房面积\n");  //提示
19            scanf("%f",&h_aera);  //输入房屋面积
20            printf("(2)输入购房单价\n");
21            scanf("%f",&h_price);  //输入购房单价
22            printf("(3)输入购房首付比例(x)%%\n");
23            scanf("%f",&h_cash);  //输入购房首付比例
24            printf("(4)输入贷款利率(x)%%\n");
25            scanf("%f",&h_rate);  //输入贷款利率，仅百分率
26            printf("(5)输入贷款年限\n");
27            ______________;  //填空：输入贷款年限
28            printf("(6)输入贷款按揭方式：0-等额本息，1-等额本金\n");
29            scanf("%d",&h_type);
30            loan_mon_rate=h_rate/100./12;  //计算月利率
31            loan_month=h_year*12;  //计算贷款月数
32            loan_sum= ________________________;  //填空：计算贷款总额
33            printf("贷款总额为：%.2f\n",loan_sum);
34            pay_sum=0.0;  //初始化总还款金额
35            if(________)  //填空：等额本息还款方式
36            {  t=1.0;
37               for(i=0;i<loan_month;i++)  //计算每月还款金额的因数
38                 t*=(1+loan_mon_rate);
39                 mon_pay=loan_sum*loan_mon_rate*t/(t-1);  //计算每月还款金额
40                 pay_sum=______________;  //填空：计算总还款金额
41                 printf("等额本息按揭方式每月还款金额为：%.2f\n",mon_pay);
42                 printf("等额本息按揭方式总还款金额为：%.2f\n",pay_sum);
43            }
44            else if(h_type==1)  //等额本金还款方式
45            {  printf("等额本金按揭方式每月还款金额列表：\n");
```

```
46              for( ________________________ )  //填空:计算每月还款金额
47          {
48                  mon_pay= ____________________ ;  //填空:计算每月还款金额
49                  pay_sum+=mon_pay;  //计算总还款金额
50                  printf("第%d个月还款金额:%.2f\n",i+1,mon_pay);
51              }
52              printf("等额本金按揭方式总还款金额为:%.2f\n",pay_sum);
53          }
54      }
55      else if(ctrl=='e')  //退出程序
56        break;
57      }
58      return 0;
59  }
```

运行结果:此程序在 Windows 10 64 位系统下的运行结果如下:

```
01  s-房贷计算
02  e-退出程序
03  s
04  (1)输入购房面积
05  100
06  (2)输入购房单价
07  26000
08  (3)输入购房首付比例(x)%
09  30
10  (4)输入贷款利率(x)%
11  4.6
12  (5)输入贷款年限
13  10
14  (6)输入贷款按揭方式:0-等额本息,1-等额本金
15  0
16  贷款总额为:1820000.00
17  等额本息按揭方式每月还款金额为:18950.20
18  等额本息按揭方式总还款金额为:2274023.75
19  s-房贷计算
20  e-退出程序
```

2.3.3 自主编程练习

1. 判断一个点是否位于一个正方形内

有一个正方形四个顶点的坐标(x,y)分别是$(2,-2)$,$(2,2)$,$(-2,-2)$,$(-2,2)$,x是横轴,y是纵轴。编写程序,判断一个给定的点是否在这个正方形内(包括正方形边界)。要求程序运行时:

(1) 输入一行,包括两个整数x,y,以一个空格分开,表示坐标(x,y)。

(2) 输出一行,如果点(x,y)在正方形内,则输出“Yes”,否则输出“No”。

程序运行示例:

```
01 输入:1 1
02 输出:Yes
```

2. 求下列分段函数 y 的值

$$y=f(x)=\begin{cases}x, & 0\leqslant x<10\\ x^2+1, & 10\leqslant x<20\\ x^3+x^2+1, & 20\leqslant x<30\end{cases}$$

编程要求:

(1) x的数据类型分别用int和float,且其值需由键盘输入。

(2) 需要判断x输入的范围是否满足要求,并给出相关提示信息。

(3) x的数据类型为int时,使用switch语句实现程序的主结构。

(4) x的数据类型为float时,使用if语句实现程序的主结构。

程序运行示例:

```
01 输入一个整数:12
02 x=12时,y=145
03 输入一个实数:12.1
04 x=12.100000时,y=147.410004(注意精度上的表示误差)
```

3. 判断一个数能否被 3 和 5 整除

编程要求:判断随意输入的一个数n能否同时被3和5整除,如果能同时被3和5整除,输出“Yes”,否则输出“No”。编程要求:

(1) 提示输入一个整数,输入单独一行,输入整数n的范围为-1000000～1000000。

(2) 判断输入的整数是否在给定的范围内,不在给出提示。

(3) 输出单独一行。

程序运行示例:

```
01 输入:输入一个整数:3015
02 输出:Yes
```

4．字符的输入与输出

编程要求：编写程序，用 getchar 函数读入两个字符分别给变量 c_1 和 c_2，然后分别用 putchar 和 printf 函数输出这两个字符，并思考以下问题：

(1) 变量 c_1 和 c_2 应定义为字符类型、整数类型还是二者都可以？

(2) 如输出 c_1 和 c_2 字符对应的 ASCII 值，应如何处理呢？用 putchar 函数还是用 printf 函数？

(3) 整型变量与字符型变量是否在任何情况下都可以互相替换？比如"char c1,c2;"与"int c1,c2"是否可以无条件地互换？

5．三角形的判定

编程要求：输入 3 个数到变量 x，y 和 z，以空格分隔，以回车结束。编写程序判断这三个数能否构成三角形，若能构成三角形，打印此三角形是什么类型的三角形(一般、等边、等腰还是直角三角形等)，并计算打印三角形的面积；若不能构成三角形，则打印"Error"。

程序运行示例：

```
01  输入三角形的 3 条边:3 4 5
02  边长为 3.000000,4.000000,5.000000 的三角形是直角三角形,其面积为:6.000000
```

6．成绩转换

百分制与五分制的对照关系如表 2.2 所示。

表 2.2　百分制与五分制间的对照关系

百分制	五分制	GPA	百分制	五分制	GPA
100～95	A+	4.3	71～68	C	2.0
94～90	A	4.0	67～65	C-	1.7
89～85	A-	3.7	64	D+	1.5
84～82	B+	3.3	63～61	D	1.3
81～78	B	3.0	60	D-	1.0
77～75	B-	2.7	<60	F	0
74～72	C+	2.3			

编程要求：

(1) 百分制成绩用 int 类型时用 switch 语句实现程序的主结构，百分制成绩用 float 类型时用 if 语句实现程序的主结构。

(2) 在输入百分制成绩之前给出提示信息。

(3) 在输入百分制成绩后，需要判断输入成绩的合理性，对 0～100 之外的数据给出错误提示，并退出程序。

(4) 在输出结果中应包括百分制成绩及其五分制等级和 GPA，并要有文字说明。

程序运行示例:

```
01  输入一个整数的百分制成绩:96
02  百分制成绩 96 对应五分制 A+,GPA=4.3
03  输入一个实数的百分制成绩:96.5
04  百分制成绩 96.500000 对应五分制 A+,GPA=4.3
```

7. 判断指定年份是否为闰年

普通年份能整除 4 且不能整除 100 的为闰年,世纪年份能整除 400 的是闰年。编写程序,输入一个年份(如 2021),然后通过程序的判断,如果是闰年就输出这个年份为闰年,否则打印此年份不是闰年。

程序运行示例:

```
01  输入:2020
02  输出:2020 年是闰年
```

8. 计算下列数学公式

(1) $s_1 = 1 + 2 + 3 + \cdots + n$;

(2) $s_2 = 1 + 3 + 5 + \cdots + 2n - 1$;

(3) $s_3 = 1 - \frac{1}{2} + \frac{1}{3} - \frac{1}{4} + \cdots + (-1)^{n+1}\frac{1}{n}$。

编程要求:

(1) 输入正整数 n,并判断其是否合理,不合理就退出程序。

(2) 分别用 for、while 和 do while 循环语句完成,并在同一个循环内完成 s_1,s_2 和 s_3 的计算。

(3) 可在同一个程序中用 3 种循环语句分别实现 s_1,s_2 和 s_3 的计算。

(4) 打印计算结果。

程序运行示例:

```
01  输入:10
02  输出:for:s1=55,s2=100,s3=0.645635
03       while: s1=55,s2=100,s3=0.645635
04       do while: s1=55,s2=100,s3=0.645635
```

9. 打印如下所示的九九乘法表

```
1*1=1
1*2=2  2*2=4
1*3=3  2*3=6  3*3=9
1*4=4  2*4=8  3*4=12 4*4=16
1*5=5  2*5=10 3*5=15 4*5=20 5*5=25
1*6=6  2*6=12 3*6=18 4*6=24 5*6=30 6*6=36
1*7=7  2*7=14 3*7=21 4*7=28 5*7=35 6*7=42 7*7=49
1*8=8  2*8=16 3*8=24 4*8=32 5*8=40 6*8=48 7*8=56 8*8=64
1*9=9  2*9=18 3*9=27 4*9=36 5*9=45 6*9=54 7*9=63 8*9=72 9*9=81
```

10. 输入字符的识别问题

利用 getchar()函数从键盘循环输入字符，如遇到小写字母则将其转换成大写字母输出，如遇到大写字母则输出“已经是大写字母”，对输入的其他字符则输出“不是字母”，如遇到字符“0”则退出程序。

程序运行示例：

```
01 输入：
02 abc123ABC0
03 输出：
04 A
05 B
06 C
07 '1'不是字母
08 '2'不是字母
09 '3'不是字母
10 'A'已经是大写字母
11 'B'已经是大写字母
12 'C'已经是大写字母
```

11. 由四个数字组成三位数的问题

编程要求：设计程序将由 5,6,7,8 四个数字组成的所有三位数打印出来，要求这些三位数互不重复且每个不同数位的数字也不能重复。

程序运行示例：

输出以下数据：

```
01 567
02 568
03 576
04 …
```

12. 寻找所有的水仙花数

编程要求：设计程序寻找所有的水仙花数。水仙花数指的是一个三位整数，其每位数字的立方和等于其本身。

程序运行示例：

输出以下数据：

```
01 153 370 371 407
```

13. 寻找回文素数

编程要求:设计程序寻找10000以内的所有回文素数。回文素数是指一个整数从左到右与从右到左读是一样的,且为素数。

程序运行示例:

输出以下数据:

```
01  11
02  101 131 151 181 191 313 353 373 383 727 757 787 797 919 929
```

14. 哥德巴赫猜想验证

编程要求:任一个大于2的偶数都可以写成两个素数之和。设计程序验证 n 以内的偶数满足哥德巴赫猜想。

(1) n 由键盘输入,并判断其是否为大于2的偶数。

(2) 将从4开始到不大于 n 的偶数全部写成两个素数之和的形式输出。

(3) 将每个偶数所有的可能拆解都写出来,但不要把两个素数交换位置的也打印出来。

程序运行示例:

输入和输出以下数据:

```
01  输入一个偶数:100
02  4 = 2 + 2
03  6 = 3 + 3
04  8 = 3 + 5(注意不需要打印 5 + 3 的情况)
05  10 = 3 + 7
06  10 = 5 + 5
07  12 = 5 + 7
08  14 = 3 + 11
09  14 = 7 + 7
10  …
```

15. 编程实现求 1! + 2! + 3! + … + n! 之和

编程要求:

(1) 从键盘输入 n,注意要根据数据类型限制 n 以防止运算时出现溢出。

(2) 运用双重循环实现。

(3) 运用单重循环实现。

程序运行示例:

```
01  输入一个整数(1～16):5
02  双重循环结果:153
03  单重循环结果:153
```

16. 分数的化简问题

编程要求: 输入两个正整数,第一个正整数代表分数的分子,第二个正整数代表分数的分母,要求将分数化简到最简后输出。

(1) 提示输入分子和分母,并判断分子和分母的合理性(正整数、分子小于分母),不满足可以重新输入或退出程序。

(2) 化简分数到最简后输出。

程序运行示例:

```
01  输入:输入两个正整数(分子 分母):48 160
02  输出:分数 48/160 化简后为 3/10
```

17. 用牛顿迭代法求一个正数的平方根

编程要求: 设计程序用牛顿迭代法($x_{n+1}=x_n-f(x_n)/f'(x_n)$)求一个正数的平方根。

(1) 输入一个正数

(2) 计算此正数的平方根,精度小于 10^{-6}。

(3) 打印此正数的平方根。

程序运行示例:

```
01  输入一个正数:3
02  3.000000 的平方根为 1.732051
```

18. 求解方程 $3x^3-3x^2+x-6=0$ 的根

编程要求:

(1) 用牛顿迭代法求解方程在 1.5 附近的根,精度小于 10^{-6}。

(2) 用二分法求解方程在[-3,3]内的根,精度小于 10^{-6}。

(3) 统计两种方法的迭代次数(主要循环的执行次数)。

(4) 比较并分析两种求解方法的结果与特点。

程序运行示例:

```
01  输入:输入牛顿迭代法的近似解:1.5
02  输出:x=1.585429,迭代次数为 4
03  输出:输入二分法解的范围:-3 3
04  输出:x=1.585429,迭代次数为 23
```

19. 十进制浮点数转换为二进制数

编程要求:

(1) 提示输入一个浮点数,并用"%f"格式输入一个 float 类型的实数。

(2) 如输入的实数是负数则打印负号"-",正数可不打印"+"。

(3) 将浮点数的整数和小数部分分别转换为二进制,利用一维数组存储,然后打印输出。

(4) 如输入的浮点数不含小数部分，可不打印小数点，否则需要打印小数点。

(5) 注意整数部分最高位的 0 不打印，小数部分最低位的 0 不打印。

程序运行示例 1：

```
01 输入一个浮点数:666.25
02 二进制为:1010011010.01
```

程序运行示例 2：

```
01 输入一个浮点数:-666
02 二进制为:-1010011010
```

程序运行示例 3：

```
01 输入一个浮点数:123.123
02 二进制为:1111011.0001111101111101
```

20. 找零问题

编程要求：现存的流通人民币面额有 100 元、50 元、20 元、10 元、5 元、1 元、5 角和 1 角等几种，现拿 100 元去购买物品，一共花了 x 元，请设计程序给出找零的方案，使每次找零的钱币张数最少。

(1) 输入购买物品的费用 x，并判断其合理性。

(2) 对输入合理的费用，给出找零的方案(即每种钱币的数量)，使找零的钱币张数最少。

(3) 不足 1 角按照四舍五入进行找零。

程序运行示例：

```
01 请输入花费(单位:元):12.34
02 找零 87.7 元,方案:50.0 元 1 张 20.0 元 1 张 10.0 元 1 张 5.0 元 1 张 1.0 元 2 张 0.5 元 1 张
   0.1元 2 张
```

21. 猜数字游戏

补充说明：随机数是指随机发生的、不确定的、很难预测的数。随机数有真随机数和伪随机数两种，如掷骰子的点数、抛硬币的正反面等产生的随机数为真随机数，而通过计算机软件计算或模拟的随机数则是伪随机数。真随机数与伪随机数的主要区别是真随机数是完全不可预知的，无法再现的；而伪随机数因其算法或过程是确定的，故而可以预知或再现。

计算机中产生伪随机数的计算方法很多，比如 C 语言中的 rand 函数产生伪随机数的计算方法“seed = seed * 1103515245 + 12345; rand_num = (unsigned)(seed/65536)%32768”。此算法执行一次就产生一个 0～32767 之间的随机整数。另外还有“rand_num2 = |(float)(1.0/rand_num) - (double)(1.0/rand_num) * 1e15|”等产生伪随机数的算法。

编程要求：编写程序，猜一个在给定整数范围内产生的随机数，可以猜多次直到猜中。

猜中后发一随机金额的红包。

(1) 按如图 2.4 所示的流程图设计程序。

(2) 产生随机数的范围可以通过乘除与求余等运算进行限定。

(3) 用“seed = seed * 1103515245 + 12345; rand_num = (unsigned)(seed/65536)% 32768”产生要猜的随机数字,再在此基础上用“rand_num2 = |(float)(1.0/rand_num) - (double)(1.0/rand_num)| * 1e15”产生红包金额。要猜的随机数字的产生由键盘输入其随机数种子;红包金额的随机产生则利用之前的随机数作为种子。

(4) 通过算术运算等将产生的随机数大小调整到指定的范围内。

(5) 程序运行时,利用折半的方法输入要猜的数,当与产生的随机数进行比较时,相等即为猜中。

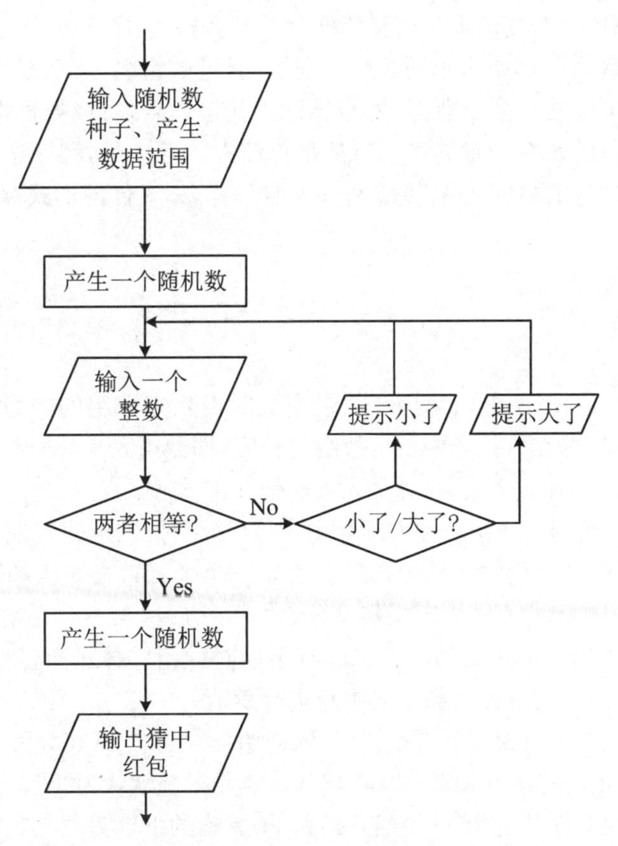

图 2.4　猜随机数的设计流程图

程序运行示例:

```
01  输入随机数种子:6
02  输入产生随机数的最小值:1
03  输入产生随机数的最大值:10
04  已在 1~10 范围内产生了一个随机数,请猜此数:6
05  你猜的数小了,请继续在 1~10 范围内猜数字:8
06  你猜的数小了,请继续在 1~10 范围内猜数字:9
```

```
07  你猜的数小了,请继续在 1~10 范围内猜数字:10
08  恭喜你猜中了! 并获得 16 元的红包
```

2.4 数组、文件与批量数据处理

之前通过基本数据类型的变量进行一个个数据的输入/输出以及处理,如果同一类型的数据有很多个,再用单个的变量来表示和处理,编写代码和程序运行的效率都会非常低。同一类型的一组有序数据在C语言中用数组来表示,通过数组名(命名规则同一般标识符)与其下标(序号)一起可以处理多个数据,如与循环语句等配合,可以处理批量的数据,且可以提高编程及程序执行的效率。变量和数组都是存储在内存中的,程序运行结束后就不存在了。要想长期存储大量的数据,还需要像程序本身一样,以文件的形式存储在计算机的外存(如硬盘等)。

2.4.1 知识要点

(1) 数组需要先定义,才可以使用。数组定义时需指定数组的类型,如基本数据类型,在数组名后加方括号,并在方括号中指定数组的长度,即数组元素的个数。如"int a[6];"定义了名为"a"的数组,它有6个元素,每个元素都是"int"类型。

(2) 数组元素的访问由数组名加方括号中序号(即下标)的形式实现,此时数组元素的使用与普通的变量一样,在使用输入输出函数时也要一个个元素去输入和输出。如"int a[6]; a[0]=1;scanf("%d",&a[1]);"先定义整型数组"a",然后给第一个元素赋值为"1",从键盘输入一个整数给数组第二个元素"a[1]"。注意不能对数组整体进行操作,如不能通过数组名一次访问其所有元素,更不能对数组名本身进行赋值。

(3) 数组在定义时可以为其元素赋初值(即初始化)。如"int a[6]={1,2,3};",定义整型数组a,其前三个元素的初值分别为"1,2,3",其他元素都默认为"0"。

(4) 数组元素的下标是从"0"开始的,最后一个元素的下标为数组定义时的长度减1。

(5) 数组从逻辑上说,有一维数组、二维数组和三维数组等。

(6) 无论几维数组,其在内存中都占据一块连续的存储空间。

(7) 在引用数组元素时,其下标一定不能超出其定义时的范围(即0至数组长度-1),否则就会出现越界访问的问题,轻者导致程序异常,重者出现系统异常或崩溃等。

(8) "sizeof(数组名)"得到的是数组定义时的长度乘以数组元素的字节数。

(9) "char"类型的一维数组为字符数组,即存储一个个字符的数组,与其他类型一维数组的定义和引用方法相同。C语言中没有专门的字符串类型,但如在字符数组存储一个个字符的最后多存储一个字符"\0"(即整数值0),就可以把字符数组当作字符串来使用。当然需要字符数组比存储的字符串多一个字符的存储空间用于存储"\0"。此时可以用"scanf"和"printf"函数的"%s"格式进行字符串的输入或输出,也可以使用专门的字符串输入函数

“gets”、输出函数“puts”进行输入输出。另外还可以使用“string.h”中声明的字符串处理相关的函数,如“strcpy”(将一个字符串赋值给另一个字符串)、“strncpy”(将一个字符串的前一部分赋值给另一个字符串)、“strcat”(合并两个字符串)、“strlen”(获得字符串的长度)、“strcmp”(比较两个字符串的大小)等。

(10) 与数组相关的基本算法有:“scanf”“printf”与循环语句一起实现多个数组元素的输入或输出;利用循环语句实现对数组的查找、移动、插入、替换、删除、排序等算法。

(11) 计算机中的文件是指存储在外部存储器上的数据集,一般外部存储器可以长时间地存储数据,即掉电不丢失。计算机的文件一般包含文件名和扩展名,扩展名一般用来表示文件的类型,如“.txt”(文本文件)、“.c”(C语言源文件)、“.exe”(Windows系统可执行文件)、“.html”(网页文件)、“.mp3”(音频文件)、“.mp4”(音视频文件)等。其实这些文件实质上依然只有“文本文件”和“二进制文件”两种,只是文件的数据组织结构不同。另外,文件在外存储器中的位置,即路径(如存储在某盘某文件夹中等,如“C:\Windows\SysWOW64\calc.exe”),是访问文件的途径。一般计算机中的文件路径常用“\”或“/”表示路径中的层次。

(12) 在C语言的程序中要访问外存储器中的文件,需要通过标准输入和输入库中的函数,并遵从“打开—读写—关闭”这一文件操作流程。打开文件之前还需要定义一个文件类型的指针(相当于一块存储空间的起始地址),即“FILE *fp;”。然后通过“fp=fopen(文件的完整路径,打开文件的方式);”打开文件,即在C程序与外存储器间建立起数据传递的通道。接着用读写函数(fscanf/fprintf、fputc/fgetc、fgets/fputs、fread/fwrite等)通过fp(假设之前已正确打开了文件)指针进行文件数据的读写(还需要符合打开文件时的方式)。最后通过“fclose(fp);”关闭操作结束的文件。

2.4.2 程序填空练习

1. 数组元素的输入与输出

问题分析:如果只是输入或输出数组中个别元素的值,可以像一般的变量那样处理。如果要输入或输出数组中所有元素的值,且数组元素个数比较多,就需要通过循环语句,即将循环变量作为数组的下标进行数组元素的输入或输出。

程序填空:

```
01  #include <stdio.h>
02  int main()
03  {
04      int a[10];  //定义一个int型数组,有10个元素
05      int i;  //定义一个int型变量作为循环变量
06      for(i=0;______;i++)  //从0到9,正好匹配数组a的元素下标
07        scanf("%d",______ );  //循环10次,每次输入一个整数到对应的数组元素中
08      //此时从键盘可一行输入10个以空格分隔整数,或分成多行输入,直到输入10个整数
```

```
09	    for(i=9;______;______)  //从9到0,也正好逆序匹配数组a的元素下标
10	        printf("%d",a[i]);  //将数组a的元素按逆序打印
11	    return 0;
12	}
```

运行结果:此程序在Windows 10 64位系统下的运行结果如下:

```
01	1 2 3 4 5 6 7 8 9 10
02	10 9 8 7 6 5 4 3 2 1
```

运行结果的第一行为在一行输入的10个整数,并以空格分隔,第二行为逆序打印的数组元素的值。

也可以像下面的运行结果一样,在前六行(也可以在其他的行数内完成)输入10个整数,再在第七行逆序打印。

```
01	1 2 3
02	4 5 6
03	7
04	8
05	9
06	10
07	10 9 8 7 6 5 4 3 2 1
```

2. 在数组中查找数据

问题分析:数组中各元素间可能是无序的,也可能是有序的(如按元素大小从大到小或从小到大顺序排列)。无论是有序还是无序的数组,在其中查找数据最简单的方法就是按顺序查找,即从数组的第一个元素开始比较,一直比较到最后一个元素,如果遇到与被查找的数据相同的就打印其所在元素的下标,如果一直都没有找到就输出没有要找的数据。在有序的数组中进行数据的查找,还可以采用效率高的查找方法,如二分查找(即折半查找)等。

程序填空:

```
01	#include <stdio.h>
02	int main()
03	{   int a[10];  //定义int类型的数组,有10个元素
04	    int flag=0;  /*定义一个变量作为标志,默认0为数组a无序,采用顺序查找,1为数组a
	升序,采用二分查找,2为数组a降序,采用二分查找,其他无效*/
05	    int i,Tofind;  //i为循环变量,Tofind为要查找的数据
06	    int low,high,mid;  //二分查找使用的临时变量
07	    printf("请输入10个整数:");
08	    for(i=0;i<10;i++)scanf("%d",&a[i]);  //从键盘输入10个整数到数组a
```

```
09      printf("你输入的10个数是:0-无序,1-升序,2-降序?");
10      scanf("%d",&flag);  //数组数据有序否
11      printf("输入你要找的数据:");
12      scanf("%d",&Tofind);
13      if(flag==0)  //无序数组,顺序查找
14      {  for(i=0;i<10;i++)
15        if(a[i]==Tofind)printf("找到要找的数在数组位置:%d\n",i);
16      }
17      else if(_______ )  //有序数组,二分查找
18      {
19        low=0;high=9;  //从数组的第一个元素下标到最后一个
20        while(__________)  //只要满足条件就循环,即数组没有查完
21        {  mid=(low+high)/2;  //二分,即折半,注意数组越界的问题
22          if(a[mid]==Tofind)
23            printf("找到要找的数在数组位置:%d\n",mid);
24          //调整low或high的值,即向可能所在一半的方向移动
25          if(flag==1)  //数组a为升序
26            if(a[mid]>Tofind)  //判断在哪一半
27              high=mid-1;  //往小的一半查找
28            else
29              low=mid+1;  //往大的一半查找
30          else  //数组a为降序
31            if(___________ )  //判断在哪一半
32              high=mid-1;  //往大的一半查找
33            else
34              low=mid+1;  //往小的一半查找
35        }
36      }
37      else  //无效操作
38        printf("无效操作\n");
39    return 0;
40  }
```

思考并编程验证如何给出“没有找到”的提示信息。另外注意二分查找可能带来的漏查问题,即数组中出现两个或两个以上要查找的数据而没有全部查到。另外此程序无论数组是否有序,都可以先用顺序查找的方法进行且都可以正常工作;类似也可以选择有序的二分查找方法,但不能保证正常工作。

运行结果:此程序在 Windows 10 64 位系统下两次运行的结果如下:

```
01 请输入10个整数:1 3 3 5 6 7 8 8 9 10
02 你输入的10个数是:0-无序,1-升序,2-降序?0
03 输入你要找的数据:8
04 找到要找的数在数组位置:6
05 找到要找的数在数组位置:7
```

```
01 请输入10个整数:1 3 3 5 6 7 8 8 9 10
02 你输入的10个数是:0-无序,1-升序,2-降序?1
03 输入你要找的数据:8
04 找到要找的数在数组位置:7
```

从运行结果也可以看到二分查找会存在漏查的问题,即第2次运行时,没有找出全部的要查找的数据“8”。

3. 交换数组的元素

问题分析:数组元素的交换是指其元素值的交换,可以交换一个数组内的不同元素,也可以在两个数组之间进行元素值的交换等。在计算机中数据是存在存储器中的,如果要交换两个数据,就需要借助第三个存储空间过渡。就像交换两个水杯中的不同液体,需要借助第三个容器一样。另外计算机还可以通过纯运算的方式实现两个数的交换,如将a和b的值进行交换,可以通过“a=a+b;b=a-b;a=a-b;”运算完成交换。

程序填空:

```
01 #include <stdio.h>
02 int main()
03 {
04     int a[100];  //定义一个比较大的数组
05     int n;  //输入数组实际有多少个元素有值
06     int i,j,t;  //循环变量,临时变量
07     printf("有几个数(1~100):");
08     scanf("%d",&n);  //输入有几个数要输入到数组中
09     printf("输入%d个数:",n);
10     for(i=0;i<n;i++)  //注意这里没有验证元素的个数,请读者自行添加
11       scanf("%d",&a[i]);  //输入n个数到数组,注意1<n<100
12     //1,将数组中的数按逆序存放
13     for(i=0;i<n/2;i++)
14     {
15       t=a[i];  //通过t临时存储a[i]
16       ________  //把相反的元素存储到a[i]
```

```
17            ___________   //再把暂存的 a[i]存储到相反的位置
18        }
19        printf("逆序存储后的数组元素依次为:\n");
20        for(i=0;i<n;i++)
21          printf("%d ",a[i]);
22        //2,交换任意两个数组元素,注意在有限的范围
23        while(1)  //一直循环,须通过内部 break 语句结束循环
24        { printf("\n 输入要交换的两个元素位置(0~%d):",n);
25          scanf("%d%d",&i,&j);
26          if(__________)  //在有效范围内进行交换,否则结束循环
27          {
28            a[i]+=a[j];  //计算以后 a[i]中为两个元素的和,a[j]没有变
29            a[j]=a[i]-a[j];  /*两个元素的和减去 a[j],得到 a[i],然后赋给 a[j],之后 a[j]
      中为最初的 a[i],a[i](和)没有变*/
30            a[i]=a[i]-a[j];  /*两个元素的和减去最初的 a[i],得到最初的 a[j],然后赋给
      a[i],即运行结束 a[i]中的值为最初的 a[j]中的值*/
31          }
32          else
33            break;
34          for(i=0;i<n;i++)printf("%d ",a[i]);  //打印数组
35        }
36        return 0;
37    }
```

运行结果:此程序在 Windows 10 64 位系统下的运行结果如下:

```
01    有几个数(1~100):5
02    输入 5 个数:1 2 3 4 5
03    逆序存储后的数组元素依次为:
04    5 4 3 2 1
05    输入要交换的两个元素位置(0~5):2 3
06    5 4 2 3 1
07    输入要交换的两个元素位置(0~5):1 2
08    5 2 4 3 1
09    输入要交换的两个元素位置(0~5):0 1
10    2 5 4 3 1
11    输入要交换的两个元素位置(0~5):0 4
12    1 5 4 3 2
13    输入要交换的两个元素位置(0~5):0 5
```

4. 向数组中插入一个元素

问题分析:可以向已有数据或空的数组中进行数据插入的操作。插入操作一般可以根据插入到数组的位置(下标),将此位置及其后的数组元素都向后移动一个元素位置后,再将要插入的数据存入此位置。指定插入位置的操作数组可以是空的,有序的或无序的;而对于有序数组的插入操作需要保持数组的有序性,就需要先根据数组的排序方式(升序或降序)找到插入的位置后再进行插入操作。当然操作完成后需要使数组的长度加1。

程序填空:

```
01  #include <stdio.h>
02  int main()
03  {   int a[101];  //定义一个元素比较多的int类型数组,有101个元素
04      int flag=0;  /*定义标志变量,默认0为按位置向数组中插入一元素,1为向升序数组插
    入一元素,2为向降序数组插入一元素,并保持数组有序,10为结束程序,其他为无效操作*/
05      int n;  //输入数组实际有多少个元素有值
06      int i,j,t;  //循环变量,临时变量
07      printf("有几个数(0~100):");
08      scanf("%d",&n);  //输入有几个数要输入到数组中
09      printf("输入%d个数:",n);
10      for(i=0;i<n;i++)  //注意元素个数
11        scanf("%d",&a[i]);  //输入n个数到数组,注意0<=n<=100
12      while(n<100)  //最多有101个元素
13      {
14        printf("\n选择接下来的插入操作:0-按位置,1-按升序,2-按降序?");
15        scanf("%d",&flag);  //数组数据有序否
16        if(flag==0)  //按位置插入数据
17        {  printf("输入要插入的数据及在数组中的位置:");
18           scanf("%d%d",&t,&j);
19           if(__________)break;  //越界或没有插入正确的位置,结束程序
20           for(i=n;i>j;i--)
21             a[i]=a[i-1];  //将j及其后面的元素后移一位
22           _____ ;  //要插入的数据存入位置j
23           n++;  //调整数组元素个数
24        }
25        else if(flag==1||flag==2)  //有序数组的插入操作
26        {  printf("输入要插入的数据:");
27           scanf("%d",&t);
28           for(j=0;j<n;j++)
```

```
29            {   if(flag==1)
30              {   if(a[j]>t)________;  //找到升序插入数据的位置
31              }  //如果没有这对大括号会怎样?
32              else
33              {   if(________)break;  //找到降序插入数据的位置
34              }
35            }
36            for(i=n;i>j;i--)
37              a[i]=a[i-1];  //将 j 及其后面的元素后移一位
38            a[j]=t;  //要插入的数据存入位置 j
39            n++;  //调整数组元素个数
40          }
41          else if (flag==10)
42            break;  //结束程序
43          else  //无效操作
44            printf("无效操作\n");
45          for(i=0;i<n;i++)
46            printf("%d",a[i]);  //打印当前数组的元素
47        }
48      return 0;
49    }
```

运行结果: 此程序在 Windows 10 64 位系统下的运行结果如下:

```
01  有几个数(0~100):5
02  输入 5 个数:1 3 5 7 9
03  选择接下来的插入操作:0-按位置,1-按升序,2-按降序? 0
04  输入要插入的数据及在数组中的位置:0 0
05  0 1 3 5 7 9
06  选择接下来的插入操作:0-按位置,1-按升序,2-按降序? 1
07  输入要插入的数据:2
08  0 1 2 3 5 7 9
09  选择接下来的插入操作:0-按位置,1-按升序,2-按降序? 10
```

5. 从数组中删除一个元素

问题分析: 要从已有数据的数组中删除一个元素，一般可以根据数组的位置(下标)，将其后的数组元素都向前移动一个元素位置，再将最后的元素数据清零等即可，当然最后需要减少一个数组元素的长度。另外还可以结合查找操作，删除找到的元素等。

程序填空:

```
01  #include <stdio.h>
02  int main()
03  {   int a[100];  //定义一个元素比较多的 int 类型数组,有 100 个元素
04      int flag=0;  /*定义标志变量,默认 0 为按位置从数组中删除一个元素,1 为按数据查找
从数组中删除一个元素,10 为结束程序,其他为无效操作*/
05      int n;  //输入数组实际有多少个元素有值
06      int i,j,t;  //循环变量,临时变量
07      printf("有几个数(1~100):");
08      scanf("%d",&n);  //输入有几个数要输入到数组中
09      printf("输入%d个数:",n);
10      for(i=0;i<n;i++)  //注意元素个数
11        scanf("%d",&a[i]);  //输入 n 个数到数组,注意 0<n<100
12      while(n>0)  //最少 1 个元素
13      {   printf("\n选择接下来的删除操作:0-按位置,1-按数据,10-退出");
14        scanf("%d",&flag);  //输入操作方式
15      if(flag==0)  //按位置删除元素
16      {   printf("输入要删除元素的位置:");
17          scanf("%d",&j);
18          if(j<0||j>n)break;  //越界或没有删除正确的位置,结束程序
19          for(i=j;______ ;i++)
20            a[i]=a[i+1];  //将 j 及其后面的元素前移一位,并覆盖 j 元素
21          a[n-1]=0;  //最后的元素清零
22          n--;  //调整数组元素个数
23      }
24      else if(flag==1)  //按数据进行删除操作
25      {   printf("输入要删除的数据:");
26          scanf("%d",&t);
27          for(j=0;j<n;j++)
28          {
29            if(a[j]==t)  //删除
30            {  for(i=j;i<n-1;i++)
31                 __________;  //将 j 及其后面的元素前移一位,并覆盖 j 元素
32               a[n-1]=0;  //最后的元素清零
33               n--;  //调整数组元素个数
34               ________;  //同时 j 回退一次
```

```
35                }
36              }
37            }
38            else if(flag==10)
39              break;  //结束程序
40            else  //无效操作
41              printf("无效操作\n");
42            for(i=0;i<n;i++)
43              printf("%d ",a[i]);  //打印当前数组的元素
44          }
45        return 0;
46      }
```

运行结果:此程序在 Windows 10 64 位系统下的运行结果如下:

```
01  有几个数(1~100):5
02  输入5个数:1 3 3 3 5
03  选择接下来的删除操作:0-按位置,1-按数据,10-退出 0
04  输入要删除元素的位置:1
05  1 3 3 5
06  选择接下来的删除操作:0-按位置,1-按数据,10-退出 1
07  输入要删除的数据:3
08  1 5
09  选择接下来的删除操作:0-按位置,1-按数据,10-退出 0
10  输入要删除元素的位置:0
11  5
12  选择接下来的删除操作:0-按位置,1-按数据,10-退出 1
13  输入要删除的数据:5
```

6. 对数组进行排序

问题分析:排序是数组常见的一种操作,排序后的数组可以进行更高效的其他操作,如二分查找等。排序有从大到小和从小到大两种方式,排序的方法有很多种,常见的有交换排序、选择排序、冒泡排序、插入排序等。

交换排序的基本思路是:将元素 0 与其后的每个元素都做一次比较,如果比其后的元素小/大(降序/升序排列)就交换两个元素,这样元素 0 就是最大或最小的;然后再将元素 1 与其后的每个元素做一次比较,如果比其后的元素小/大(降序/升序排列)就交换两个元素,元素 1 就成为数组中次大或次小的;依次类推,直到数组最后两个元素完成比较,就可以得到一个有序的数组。

选择排序的基本思路是:先从 n 个元素中找一个最小/大(升序/降序)的,与元素 0 交换;再从剩下的 $n-1$ 个元素中找到最小/大的,与元素 1 交换;依次类推,直到剩下最后一个元素。

冒泡排序的基本思路是:先从元素 0 到元素 $n-1$ 开始对相邻的两个元素一一比较,如果前面的元素小于/大于(降序/升序)后面的元素就交换;再从元素 0 到元素 $n-2$ 对相邻的两个元素一一比较,如果前面的元素小于/大于后面的元素就交换;依次类推,直到完成元素 0 与元素 1 进行比较结束,就得到一个降序或升序的数组。

插入排序的基本思路是:将一个数组看作两个分数组,即将元素 0 看作有序的数组,将元素 $1\sim n-1$ 看作无序的数组,然后将无序的数组元素一一按序插入前面的有序数组中,从而得到一个有序的数组。

程序填空:

```
01  #include <stdio.h>
02  int main()
03  {
04      int a[100];  //定义一个元素比较多的 int 类型数组,有 100 个元素
05      int n;  //输入数组实际有多少个元素有值
06      int i,j,t;  //循环变量,临时变量
07      printf("有几个数(1~100):");
08      scanf("%d",&n);  //输入有几个数要输入数组中
09      printf("输入%d个数:",n);
10      for(i=0;i<n;i++)  //注意元素个数
11        scanf("%d",&a[i]);  //输入 n 个数到数组,注意 0<n<100
12      for(i=0;____ ;i++)  //交换排序
13        for(j= ____ ;j<n;j++)
14          if(_________)  //降序
15          {  t=a[i];
16              a[i]=a[j];
17              a[j]=t;
18          }
19      for(i=0;i<n;i++)
20        printf("%d ",a[i]);  //打印排序后的数组
21      return 0;
22  }
```

运行结果:此程序在 Windows 10 64 位系统下的运行结果如下:

```
01  有几个数(1~100):6
02  输入6个数:1 5 8 6 7 2
03  8 7 6 5 2 1
```

7. 数组与文件

问题分析:文件是计算机长时间存储数据的方式,程序中需要的数据可以存储在文件中供程序运行时读取使用,程序的运行结果也可以写到专门的文件中以方便查看与比较分析等。

为了区分不同情况下的结果,在写结果之前加入结果产生的日期和时间。通过"time.h"头文件中声明的"time()"函数获得自1970年1月1日以来的秒数,然后再通过程序转换为日期(年、月、日)和时间(时、分、秒),作为程序运行结果的时间戳。

程序填空:

```
01  #include <stdio.h>
02  #include <time.h>  //包含获取系统当前日期和时间的函数声明等
03  int main()
04  {
05      FILE *fpi,*fpo;  //定义两个指针变量用于读取数据和保存结果
06      time_t seconds;  //从1970年1月1日到现在的秒数
07      char days_mons[2][12]={{31,28,31,30,31,30,31,31,30,31,30,31},{31,29,31,30,
    31,30,31,31,30,31,30,31}},leap=0;
08      int year,month,day,hour,minute,second;  //年、月、日,时、分、秒
09      int a[100];  //定义一个元素比较多的int类型数组,有100个元素
10      int n;  //输入数组实际有多少个元素有值
11      int i,j,t;  //循环变量,临时变量
12      printf("有几个数(1~100):");
13      scanf("%d",&n);  //输入文件/数组中有几个数
14      fpi=fopen("data.txt","r");  //以只读的方式("r")打开当前文件夹中的文本文件
    "data.txt"
15      if(fpi==NULL)  /*打不开数据文件,可以认为数据文件不存在(其实也可能不给读),然
    后新建并输入数据*/
16      {
17        fpi=fopen("data.txt","w+");  /*以可读写的方式("w+")打开当前文件夹中的文本
    文件"data.txt",不存在就新建,存在就清空文件内容*/
18        printf("输入%d个数:",n);
19        for(i=0;i<n;i++)  //注意元素个数
20        {
21          scanf("%d",&a[i]);  //从键盘输入n个数到数组,注意0<n<100
22          fprintf(fpi,"%d ",a[i]);  /*把从数组元素写入文本文件"data.txt"中,
    fprintf函数除了打印的目标为文件(fpi)外,其他参数的含义与printf相同*/
```

```
23          }
24          rewind(fpi);  //调整到文件开头,以便后续程序从头开始读取文件中的数据
25        }
26        /*到了这里基本可以说明已经正确打开了用来读取数据的文件"data.txt",且文件中存在
    至少n个用空格分隔的整数*/
27        fpo=fopen("result.txt","a");  /*以追加的方式("a")打开当前文件夹中的文本文件
    "result.txt",不存在就新建,存在就在文件结尾添加数据*/
28        for(i=0;i<n;i++)
29          fscanf(fpi,"%d",&a[i]);  /*从文本文件"data.txt"中读取数据到数组中,fscanf
    函数除了读取数据的来源为文件(fpi)外,其他参数的含义与scanf相同*/
30        fclose(fpi);  //读取数据结束,如不再操作此文件,就可关闭数据文件"data.txt"
31        /*对从文件读取的数据处理部分忽略,这里仅获取当前系统的时间,与读取的数据一起写
    入"result.txt"文件中*/
32        seconds=time(NULL)+8*60*60;  /*获取系统从1970年1月1日到现在的秒数,加上时
    区的秒数*/
33        second= ____________ ;  //当前的秒数
34        seconds __________ ;  //变成分钟
35        minute= ____________ ;  //当前的分钟
36        seconds ____________ ;  //变成小时
37        hour=seconds%24;  //当前的小时
38        seconds/=24;  //变成天数
39        year=1970;  //从1970年开始计算年
40        leap= __________________________________________ ;  //是闰年? 0非,1是
41        while (seconds>365)  //够一年
42        {   if(leap)  //闰年
43              seconds-=366;  //减少一年366天
44            else
45              seconds-=365;  //减少一年365天
46            year++;  //年份加1
47            leap= ______________________________________ ;  //是闰年? 0非,1是
48        }
49        month=1;  //计算月
50        for(i=0;seconds>=days_mons[leap][i];i++,month++)  //年内月份
51          seconds-=days_mons[leap][i];  //减少一个月
52        day=seconds+1;  //计算月内哪一天
53        //写数据到文件
```

```
54        fprintf(fpo,"%d-%02d-%02d,%02d:%02d:%02d\n",
                year,month,day,hour,minute,second);  //写时间戳到文件
55        for(i=0;i<n;i++)fprintf(fpo,"%d ",a[i]);  //将数组中的数据写入文件
56        fprintf(fpo,"\n");  //最后写一个换行到文件
57        fclose(fpo);  //最后需关闭结果文件"result.txt"
58        return 0;
59    }
```

运行结果:此程序在 Windows 10 64 位系统下的两次运行结果,及“data. txt”和“result. txt”文件中的内容如下:

```
01  有几个数(1~100):10
02  输入 10 个数:10 9 8 7 6 5 4 3 2 1
```

```
data - 记事本
文件(F)  编辑(E)  格式(O)  查看(V)  帮助(H)
10 9 8 7 6 5 4 3 2 1
```

```
01  有几个数(1~100):6
```

```
result - 记事本
文件(F)  编辑(E)  格式(O)  查看(V)  帮助(H)
2022-06-11,11:29:19
10 9 8 7 6 5 4 3 2 1
2022-06-11,11:32:05
10 9 8 7 6 5
```

注意第一次运行此示例程序时,需要输入数组元素的个数和数组元素本身,也可以说只要“data. txt”文件不存在,就需要进行输入。因此可以通过删除“data. txt”文件实现重新输入新的数组数据。第二次运行或者只要“data. txt”文件已经存在,且文件中存在用空格分隔的数据,就只需要输入数组元素的个数,注意此时“data. txt”文件中至少要有需要的数据数量,不然会导致程序无法正常执行。“result. txt”文件则会按照程序的运行时间顺序从上往下记录结果。

2.4.3　自主编程练习

以下练习题中的数组大小、数组名和数组值在没有明确要求时请自行设定。

1. 打印斐波那契(Fibonacci)数列

编程要求:设计程序计算并打印斐波那契数列的前 n 项。

(1) 提示输入项数 n,其中 $3 \leqslant n \leqslant 45$。

(2) 判断输入项数的合理性,不合理可以重新输入项数。

(3) 利用一维数组存放数列每一项的值。

(4) 打印数列前 n 项的值,每行不超过 8 个数据,且行与行之间的数据对齐。

程序运行示例:

```
01  输入 Fibonacci 数列的项数:12
02       0       1       1       2       3       5       8      13
03      21      34      55      89
```

2. 统计所有正整数的个数

编程要求：给定 n 个正整数，找出它们中各个整数出现的次数。

(1) 提示输入有几个正整数，输入到 n 并判断其值的合理性(设 $1<n<1000$)。

(2) 输入 n 个正整数，并统计每个正整数出现的次数。

(3) 打印每个正整数及其出现的次数。

(4) 利用一维数组和循环、分支结构实现。

程序运行示例：

```
01 有几个正整数? 10
02 请输入10个正整数:1 2 3 4 1 2 2 4 5 6
03 1出现2次
04 2出现3次
05 3出现1次
06 4出现2次
07 5出现1次
08 6出现1次
```

3. 寻找 n 个整数里的最大数并调整到最后的位置

编程要求：

(1) 提示输入 n 个整数并输入到一维数组里。

(2) 找出 n 个数中最大的数并存储为数组的最后一个元素。

(3) 按新的顺序打印输出这 n 个数。

程序运行示例：

```
01 有几个整数? 6
02 输入6个整数:2 3 5 9 8 6
03 最大数位于最后:2 3 5 8 6 9
```

4. 数组插入操作

编程要求：输入10个整数，存放在一个一维数组中，输入一个数 $m(m<10)$，再输入一个整数 n，在第 m 个元素后插入 n(后续数组元素都后移一位)，并输出最终的数组内容。

程序运行示例：

```
01 输入10个整数:1 3 5 7 9 2 4 6 8 10
02 输入插入到数组中的位置(0~10)和要插入的数据:0 66
03 66 1 3 5 7 9 2 4 6 8 10
```

5. 浮点数组的插入排序

编程要求：浮点型数组 a[20]前10个数据非0且升序排列，后面的数据都是0，从键盘循环输入 5 个浮点数存入数组 a，要求每次输入都保持非 0 数据的升序排列，并输出数组内容。

程序运行示例：

```
01 从小到大地输入 10 个数:1.1 4.1 6.2 8.9 10.1 12.3 15.6 18.5 20.2 21.8
02 输入要插入的数据:4.6
03 目前有 11 个元素:  1.100    4.100    4.600    6.200    8.900   10.100   12.300
   15.600   18.500   20.200   21.800
04 输入要插入的数据:1.01
05 目前有 12 个元素:  1.010    1.100    4.100    4.600    6.200    8.900   10.100
   12.300   15.600   18.500   20.200   21.800
06 输入要插入的数据:3.8
07 目前有 13 个元素:  1.010    1.100    3.800    4.100    4.600    6.200    8.900
   10.100   12.300   15.600   18.500   20.200   21.800
08 输入要插入的数据:5.6
09 目前有 14 个元素:  1.010    1.100    3.800    4.100    4.600    5.600    6.200
   8.900   10.100   12.300   15.600   18.500   20.200   21.800
10 输入要插入的数据:7.5
11 目前有 15 个元素:  1.010    1.100    3.800    4.100    4.600    5.600    6.200
   7.500    8.900   10.100   12.300   15.600   18.500   20.200   21.800
```

6. 交换排序法

编程要求：随机产生 25 个位于[100,1000]之间的整数，使用交换法进行排序后每行输出 5 个结果。

(1) 随机数的产生使用“stdlib.h”头文件中的“srand()”和“rand()”函数。“rand()”函数执行一次会在 0～32767 中产生一个随机数，“srand()”函数是给“rand()”函数设置随机数种子(可以理解为初值)的，随机数的种子不同，“rand()”函数产生的随机数就不同，而且设置一个随机数种子后，多次执行“rand()”函数，可以获得一组随机数，当然随机数的种子相同，“rand()”函数产生的随机数也相同。为了使程序每次运行时产生的随机数都不一样，可以用“time.h”头文件中的“time(NULL)”函数作为“srand()”函数的参数来设置随机数的种子。注意“time(NULL)”函数在 1 秒内是相同的。

(2) 通过算术运算等将“rand()”函数产生的随机数大小调整到[100,1000]范围内。

(3) 产生 25 个随机数存储到数组中，并用交换法进行排序。

(4) 最后打印排序后的 25 个数，每行打印 5 个。

程序运行示例：

```
01 100 138 201 202 282
02 301 364 434 435 481
03 491 503 503 546 575
```

```
04  643 717 760 784 851
05  855 868 952 953 979
```

7. 冒泡排序法

编程要求:随机产生16个[-1,1]之间的浮点数,使用冒泡法进行排序后,每行输出4个结果。

(1) 随机数的产生使用"stdlib.h"头文件中的"srand()"和"rand()"函数。

(2) 通过算术运算等将"rand()"函数产生的随机数大小调整到[-1.0,1.0]范围内。

(3) 产生16个随机数存储到数组中,并用冒泡法进行排序。

(4) 最后打印排序后的16个数,每行打印4个。

程序运行示例:

```
01  -0.93250 -0.78680 -0.37073 -0.34564
02  -0.22015 0.18530 0.37476 0.38062
03  0.38263 0.48273 0.52570 0.54541
04  0.68579 0.75378 0.95245 0.98108
```

8. 插入排序法

编程要求:随机产生20个[0,100]之间的整数,每产生一个随机数都用插入法进行排序,完成后输出数组;再循环输入3个整数(其中2个在该数组中,1个不在),用二分法查找并显示输入的整数是否在数组中,如果在,输出是第几个元素。

(1) 随机数的产生使用"stdlib.h"头文件中的"srand()"和"rand()"函数。

(2) 通过算术运算等将"rand()"函数产生的随机数大小调整到[0,100]范围内。

(3) 数组初始为全零,元素个数也为0。每产生1个随机数,就按序插入数组中,即插入排序,一共产生20个随机数。

(4) 打印排序后的20个数,每行打印5个,行与行之间数据对齐。

(5) 循环输入3个数,查找它们在数组中的位置并输出,找不到则输出"Not found"。

程序运行示例:

```
01       1       2      10      11      12
02      12      22      32      34      36
03      44      48      56      57      60
04      62      63      70      85      90
05  输入你要找的数据:90
06  找到要找的数在数组位置:19
07  输入你要找的数据:1
08  找到要找的数在数组位置:0
09  输入你要找的数据:6
10  Not found
```

9. 字符串的操作

编程要求: 从键盘接收一个字符串,将其中的每个数字都替换成一个 *,分别正序和倒序在屏幕上输出,循环执行 3 次结束。

程序运行示例:

```
01  输入一个字符串:23asdfaf234rdsdf435sdf
02  正序:**asdfaf***rdsdf***sdf
03  逆序:fds***fdsdr***fafdsa**
04  输入一个字符串:adf2455sdfgf3453sdfg34654y7
05  正序:adf****sdfgf****sdfg*****y*
06  逆序:*y*****gfds****fgfds****fda
07  输入一个字符串:435dsfgshngfdg
08  正序:***dsfgshngfdg
09  逆序:gdfgnhsgfsd***
```

10. 判断标识符是否合法

编程要求: 标识符最长按 32 个字符处理。

(1) 从键盘输入一串字符,建议用字符串输入的方式,即用“gets()”函数或“scanf()”函数的“%s”格式,如输入的字符串以“000000”开头,则结束程序的执行,否则进入下一步。

(2) 根据 C 语言标识符的命名规则判断输入的字符串是否是合法的标识符(可不考虑关键字的处理),若是,打印是合法的标识符,否则打印不是合法的标识符,转到上一步继续。

(3) 综合运用循环、break、continue 等。

程序运行示例:

```
01  输入一串字符:123
02  "123"不是合法的 C 标识符
03  输入一串字符:abc
04  "abc"是合法的 C 标识符
05  输入一串字符:a
06  "a"是合法的 C 标识符
07  输入一串字符:_da_fd
08  "_da_fd"是合法的 C 标识符
09  输入一串字符:abc23daf3
10  "abc23daf3"是合法的 C 标识符
11  输入一串字符:000000
```

11. 背包问题的贪心法求解

有一个背包最大可以容纳 x 重量的物品,现在有 n 个物品,均有各自的重量和价值。

问如何将这些物品装入这个背包里，使得背包里物品的价值最大，且其重量不能超过背包的最大容量。

问题说明：① 0-1 背包问题：每种物品仅 1 个，不可拆分，只能全部装入或不装入；② 部分背包问题：每种物品仅 1 个，可以拆分，可以全部装入或按重量（也可按比例）拆分后装入。

编程要求：

(1) 用贪心法分别按价值和单位重量价值（物品的价值除以物品的重量）求解 0-1 背包问题，不需要得到最优解。

(2) 用贪心法按单位重量价值求解部分背包问题。

(3) 输入 $n(3\leqslant n\leqslant 10)$ 个物品的编号、重量和价值，以及背包可以容纳的重量 x，可以不按顺序输入，但程序里必须根据需要进行排序。

(4) 打印输出背包里装入物品的总价值、装了哪些物品及其重量和价值。

编程提示：

(1) 可以用多个数组表示物品的属性（编号、重量、价值和单位重量价值等）。

(2) 数组排序方法可任选使用。

程序运行示例：

```
01  输入背包的容量:5
02  输入物品的数量:3
03  输入 3 个物品的编号:1 2 3
04  输入 3 个物品的重量:1 2 3
05  输入 3 个物品的价值:60 100 120
06  0-1 背包问题的按价值贪心法求解:
07  3 号物品 重量:3.000000 价值:120.000000 装入背包
08  2 号物品 重量:2.000000 价值:100.000000 装入背包
09  装入背包的物品总价值为:220.000000
10  0-1 背包问题的按单位价值贪心法求解:
11  1 号物品 重量:1.000000 价值:60.000000,单位价值:60.000000,装入背包
12  2 号物品 重量:2.000000 价值:100.000000,单位价值:50.000000,装入背包
13  装入背包的物品总价值为:160.000000
14  部分背包问题的按单位价值贪心法求解:
15  1 号物品 重量:1.000000 价值:60.000000,单位价值:60.000000,装入背包
16  2 号物品 重量:2.000000 价值:100.000000,单位价值:50.000000,装入背包
17  3 号物品 重量:3.00 价值:120.00,单位价值:40.00,其中 2.00 重价值 80.00 装入背包
18  装入背包的物品总价值为:240.000000
```

12. 浮点数组与文件读写操作

编程要求：

(1) 浮点数存储在当前文件夹里的“data.txt”文本文件中，运行结果写入当前文件夹里

的“result. txt”文本文件中。

(2) 第一次运行程序,或“data. txt”文件不存在时,需要通过程序输入浮点数据的个数,以及每一个数据,并把浮点数据写入“data. txt”文件中。

(3) 获得系统当前的日期(年、月、日)和时间(时、分、秒),从“data. txt”文件中读取指定个数的浮点数到数组中,并完成排序。

(4) 将日期和时间单独一行写入“result. txt”文件中,紧接着把排序后的数组写在日期和时间的下一行。

程序运行示例:运行两次后的结果如下:

```
01  有几个数(1~100):10
02  输入10个数:1.2 2.3 3.4 4.5 1.1 2.1 3.1 4.1 5.1 6.8
03  有几个数(1~100):6
```

data - 记事本
文件(F) 编辑(E) 格式(O) 查看(V) 帮助(H)
1.200000 2.300000 3.400000 4.500000 1.100000 2.100000 3.100000 4.100000 5.100000 6.800000

result - 记事本
文件(F) 编辑(E) 格式(O) 查看(V) 帮助(H)
2022-06-12,20:09:07
1.200000 2.300000 3.400000 4.500000 1.100000 2.100000 3.100000 4.100000 5.100000 6.800000
2022-06-12,20:09:59
1.200000 2.300000 3.400000 4.500000 1.100000 2.100000

2.5 结　构　体

结构体是将一组数据项组合在一起用 struct 关键字构造的数据类型,这一组数据项的类型可以是基本数据类型,也可以是其他构造数据类型,每个数据项称为结构体的成员。用结构体类型定义的变量或数组与普通的变量和数组使用方式类似,只是需要用“.”运算符去访问结构体的成员。结构体主要是把不同的数据类型封装在一起形成新的类型用来表示一个对象,如描述人的性别、年龄、姓名等。

2.5.1 知识要点

(1) 结构体类型在定义的时候,除了声明结构体类型本身外,还可以同时定义此类型的结构体变量或数组。除了需要使用“.”运算符访问结构体变量或数组的成员外,其他属性和操作与普通的变量和数组基本类似。

(2) 在定义结构体变量或数组时,可以使用赋值号和大括号对其进行初始化,就像普通数组的初始化一样。

(3) 结构体类型定义时,至少要有一个成员,即不能为空。一个结构体内部的成员不能重名。

(4) 相同结构体类型的变量或数组元素间可以直接赋值,但不能像初始化那样单独赋值。

(5) 结构体类型没有强制类型转换,即无法把一个结构体类型强制转换为另外一个结构体类型。

(6) 定义结构体类型时,可以没有标签(即名称),为匿名结构体类型,两个匿名的结构体变量,即使其成员相同,也是不同结构体变量。

(7) 结构体的成员类型还可以是其他类型的结构体,即结构体的嵌套。结构体不可以嵌套跟自身类型相同的结构体,不过可以嵌套定义自己的指针(后续章节详细介绍)。

(8) 结构体使用存储空间的字节数不是其成员所占字节数的简单相加,这里因计算机字长的因素存在对齐的规则:一般结构体变量的首地址是其最大基本数据类型成员所占字节数的整数倍;每个成员相对于结构体变量首地址的偏移量,是成员基本数据类型所占字节数的整数倍;结构体变量所占的总字节,为结构体成员变量所占字节数最大那个的整数倍。

(9) 可以用“sizeof”运算符获得结构体及其变量所占用的字节数。

2.5.2 程序填空练习

1. 结构体的基本操作

问题分析:结构体可以用来表示基本数据类型无法描述的对象数据,它将对象不同的属性数据打包(类似封装)成一个整体,构成一个复杂的数据类型。结构体类型使得复杂对象的数据表示变得结构清晰,编程也更加方便。结构体类型的定义有多种形式,结构体类型的变量和数组定义与初始化等与基本类型的类似,但在对结构体变量或数组进行操作时需要使用成员选择运算符(“.”)。

程序填空:

```
01  #include <stdio.h>
02  int main()
03  {  struct date {  //struct 与 date 一起表示一个结构体类型
04        int year;  //成员:年
05        unsigned month;  //成员:月
06        unsigned day;  //成员:日
07     };  //注意结尾有分号
08     struct person{  //struct 与 person 一起表示一个结构体类型
09        unsigned int id;  //成员:编号
10        char name[20];  //成员:姓名
11        char gender;  //性别
12        struct date birth;  //其他结构体类型定义的成员:生日
13        float score;  //成绩
14        char addr[100];  //地址
```

```
15        };
16        struct {  //没有名称的结构体定义
17          int a;
18          float b;
19          char c;
20        }a1,a2;  //匿名的结构体必须在定义结构体类型的同时定义结构体变量
21        struct {  //没有名称的结构体定义
22          int a;
23          float b;
24          char c;
25        }b[2]=   {{1,1.1,'1'}};
26        struct person zh3,li4={10001,"li si",'M',{2000,1,1},88,"USTC"};  /*定义结构
  体变量及初始化*/
27        _______ ;  //相同类型的结构体变量间可以直接赋值
28        _______ ;  //相同类型的结构体数组元素间可以直接赋值
29        //a1= b[0];  //a1与b[0]是不同类型的结构体,不能直接赋值
30        //访问结构体变量信息
31        printf("%s:%d,%c,%d-%d-%d,%f,%s\n",zh3.name,zh3.id,zh3.gender,
32        zh3.birth.year,zh3.birth.month,zh3.birth.day,zh3.score,zh3.addr);
33        //打印结构体数组元素的信息
34        printf("b[1]:%d,%f,%c\n",b[1].a,b[1].b,b[1].c);
35        _______________________;  //给结构体变量a2赋值
36        printf("a2:%d,%f,%c\n",a2.a,a2.b,a2.c);  //打印a2的信息
37        return 0;
38    }
```

运行结果:此程序在 Windows 10 64 位系统下的运行结果如下:

```
01  li si:10001,M,2000-1-1,88.000000,USTC
02  b[1]:1,1.100000,1
03  a2:2,2.100000,a
```

2．结构体数组的输入与查找

问题分析:结构体类型的数组最擅长的就是二维数据表,当条目很多时(即结构体类型的数组元素很多),会通过查找的方式找到相应条目的全部信息。结构体类型的数组查找,需要根据不同的结构体成员分别进行查找。

程序填空:

```
01  # include < stdio.h>
02  # include < math.h> //fabs()函数在此头文件中声明
03  struct student{  //struct 与 student 一起表示一个结构体类型
04      int gid;  //编号
05      char name[20];  //姓名:字符
06      char gender;  //性别:M 或 F
07      float score;  //成绩
08  };
09  int main()
10  {
11      struct student stu[100];  //定义一个结构体类型的数组
12      int i,j,k,n,so,gid;  //循环变量,临时变量
13      char name[20];
14      char gender;
15      float score;
16      printf("有几位同学?");
17      scanf("%d",&n);
18      printf("输入%d位同学的信息:编号  姓名  性别  成绩\n",n);
19      for(i=0;i<n;i++)
20      {  scanf("%d%s",&stu[i].gid,stu[i].name);  //输入字符串时,数组名就是地址
21        getchar();  //吃掉空格,这样输入时可在一行输入,并通过一个空格分隔
22        scanf("%c%f",&stu[i].gender,&stu[i].score);
23      }
24      printf("输入查找方式(0-编号,1-姓名,2-性别,3-成绩):");
25      scanf("%d",&so);
26      switch (so)
27      {
28        case 0:
29          printf("输入学生的编号:");
30          scanf("%d",&gid);
31          for(i=0;i<n;i++)
32            if(stu[i].gid==gid)
33              printf("%d %s %c %f\n",stu[i].gid,stu[i].name,
                stu[i].gender,stu[i].score);
34          break;
35        case 1:
```

```
36            printf("输入学生的姓名:");
37            scanf("%s",name);  //注意输入字符串时,数组名就是起始地址
38            for(i=0;i<n;i++)
39            { j=0;k=0;
40              while(______________ )  //按查找的字符串结束标志作为循环结束
41              {   if(name[j]!=stu[i].name[j])
42                  {k=1;break;}
43                  j++;
44              }
45              if(________ )  //发现包含要查找的串,就打印学生信息
46                printf("%d %s %c %f\n",stu[i].gid,stu[i].name,
                  stu[i].gender,stu[i].score);
47            }
48            break;
49          case 2:
50            getchar();  //吃掉之前的换行
51            printf("输入学生的性别:");
52            scanf("%c",&gender);
53            for(i=0;i<n;i++)
54              if(stu[i].gender==gender)
55                printf("%d %s %c %f\n",stu[i].gid,stu[i].name,
                  stu[i].gender,stu[i].score);
56            break;
57          case 3:
58            printf("输入学生的成绩:");
59            scanf("%f",&score);
60            for(i=0;i<n;i++)
61              if(fabs(stu[i].score-score)<1e-6)  //绝对值小于 1e-6
62                printf("%d %s %c %f\n",stu[i].gid,stu[i].name,
                  stu[i].gender,stu[i].score);
63            break;
64          default:
65            break;
66        }
67      return 0;
68  }
```

运行结果:此程序在 Windows 10 64 位系统下的运行结果如下:

```
01 有几位同学? 3
02 输入 3 位同学的信息:编号  姓名  性别  成绩
03 101 zhang M 87.5
04 103 li M 88
05 102 wang F 86
06 输入查找方式(0-编号,1-姓名,2-性别,3-成绩):2
07 输入学生的性别:M
08 101 zhang M 87.500000
09 103 li M 88.000000
```

3. 结构体数组的排序

问题分析:同样地,当结构体类型数组的条目很多时,希望结构体数组能够按照某种方式顺序呈现出来,以方便查阅或后续的处理等。结构体类型数组的排序,同样需要根据不同的结构体成员分别进行,因此其排序方法与基本类型数组的排序方法一样。

程序填空:

```
01 #include <stdio.h>
02 struct student{  //struct 与 student 一起表示一个结构体类型
03     int gid;  //编号
04     char name[20];  //姓名:字符
05     char gender;  //性别:M 或 F
06     float score;  //成绩
07 };
08 int main()
09 {
10     struct student stu[100],tmp;  //定义一个结构体类型的数组和一个临时变量
11     int i,j,k,m,n,so,ud;  //循环变量,临时变量
12     printf("有几位同学?");
13     scanf("%d",&n);
14     printf("输入%d 位同学的信息:编号  姓名  性别  成绩\n",n);
15     for(i=0;i<n;i++)
16     {  scanf("%d%s",&stu[i].gid,stu[i].name);  //输入字符串时,数组名就是地址
17       getchar();  //吃掉空格,这样在输入时可用在一行输入,并通过一个空格分隔
18       scanf("%c%f",&stu[i].gender,&stu[i].score);
19     }
20     printf("输入排序依据(0-编号,1-姓名,2-性别,3-成绩):");
```

```
21        scanf("%d",&so);
22        switch (so)
23        {
24          case 0:  //交换排序
25            for(i=0;i<n-1;i++)
26              for(j=i+1;j<n;j++)
27                if(________________________)  //升序
28                {tmp=stu[i];stu[i]=stu[j];stu[j]=tmp;}
29            break;
30          case 1:  //选择排序
31            for(i=0;i<n-1;i++)
32            { k=i;  //假定第一个是要找的数
33              for(j=i+1;j<n;j++)
34              {
35                m=0;  //从头开始比较两个字符串
36                while(stu[k].name[m]!='\0' && stu[j].name[m]!=0)
37                {  if(stu[k].name[m]!=stu[j].name[m])_____ ;  //停止
38                   m++;
39                }
40                if(stu[k].name[m]>stu[j].name[m])k=j;  //升序:记录最小的
41              }
42              tmp=stu[i];  //交换:最小的往前存放
43              stu[i]=stu[k];
44              stu[k]=tmp;
45            }
46            break;
47          case 2:  //冒泡排序
48            for(i=0;i<n-1;i++)
49              for(j=0;j<n-i-1;j++)
50                if(________________________________)  //升序
51                {tmp=stu[j];stu[j]=stu[j+1];stu[j+1]=tmp;}  //交换
52            break;
53          case 3:  //插入排序
54            for(i=1;i<n;i++)  //默认第一个数(即元素 0)为有序的
55            {
56              tmp=stu[i];  //记下无序中的第一个
```

```
57            j=i-1;  //从有序数中的最后一个开始与无序中的第一个做比较
58            while(j>=0 && ______________________)  //升序
59            {   stu[j+1]=stu[j];  //比它大就后移
60              j--;  //下一个
61            }
62            stu[j+1]=tmp;  //插入在有序数中找到的位置
63          }
64          break;
65        default:
66          break;
67      }
68      for(i=0;i<n;i++)  //最后打印全部信息
69        printf("%d %s %c %f\n",stu[i].gid,stu[i].name,
70          stu[i].gender,stu[i].score);
71      return 0;
72  }
```

运行结果:此程序在 Windows 10 64 位系统下的运行结果如下:

```
01  有几位同学? 5
02  输入5位同学的信息:编号  姓名  性别  成绩
03  102 wang F 86
04  103 li M 88
05  101 zhang M 87.5
06  105 zhen F 80
07  106 xie F 90
08  输入排序依据(0-编号,1-姓名,2-性别,3-成绩):1
09  103 li M 88.000000
10  102 wang F 86.000000
11  106 xie F 90.000000
12  101 zhang M 87.500000
13  105 zhen F 80.000000
```

4. 结构体数组与文件操作

问题分析:结构体类型的数组存储的数据类似一张二维的表格,在信息管理系统中经常要用到,而且还希望能够长期地存储结构体数组中的数据,即以文件的形式存储结构体数组。

另外"time. h"中提供了系统时间的获取与转换的相关函数声明,如"time()"函数获取系统自1970年1月1日以来的秒数(没有加时区的)、“localtime()”函数将秒数()转换为一个“struct tm”类型的结构体存储日期和时间数据,并返回指向此结构体的指针。

程序填空:

```
01  #include <stdio.h>
02  #include <time.h>   //包含获取系统当前日期和时间的函数声明等
03  struct student{   //struct 与 student 一起表示一个结构体类型
04      int gid;   //编号
05      char name[20];   //姓名:字符
06      char gender;   //性别:M或F
07      float score;   //成绩
08  };
09  int main()
10  {   FILE  *fpi,*fpo;   //定义两个指针变量用于读取数据和保存结果
11      time_t seconds;   //从1970年1月1日到现在的秒数
12      struct tm *stm;   /*结构体指针,指向存储时间域(年、月、日,时、分、秒等)的结构体,引
    用其成员时用"->"成员选择运算符*/
13      struct student a[100];   //定义一个元素比较多的结构体类型数组,有100个元素
14      char ch;   //临时变量
15      int n;   //输入数组实际有多少个元素有值
16      int i,j,op,t;   /*循环变量,op为操作选项(0-显示文件内容,1-向文件写入数据,10-
    退出),t为临时变量*/
17      while(1)
18      {
19        printf("选择操作(0-显示内容,1-输入数据,10-结束):");
20        scanf("%d",&op);
21        switch (op)
22        {
23        case 0:
24          fpi=fopen("stardata.txt","r");   //以只读的方式("r")打开文件
25          if(fpi==NULL)   //打不开数据文件
26          {   printf("打开 stardata.txt 文件出错了\n");break;
27          }
28          else   //打印文件全部内容
29          {
30            while(!feof(fpi))   //没有到文件末尾就继续读取文件显示
31            {   putchar(fgetc(fpi));   //从文件读取一个字符就显示一个字符
```

```
32            }
33            fclose(fpi);  //关闭文件
34          }
35          break;
36        case 1:
37          printf("有几个数(1~100)要写入文件:");
38          scanf("%d",&n);  //输入文件/数组中有几个数
39          printf("输入%d位同学的信息:编号  姓名  性别  成绩\n",n);
40          for(i=0;i<n;i++)
41          {  scanf("%d%s",_____________);  //输入字符串时,数组名就是起始地址
42            getchar();  //吃掉空格,这样在输入时可在一行输入,并用一个空格分隔
43            scanf("%c%f",&a[i].gender,&a[i].score);
44          }
45          seconds=time(NULL);  //获取系统从1970年1月1日到现在的秒数
46          stm=localtime(&seconds);  //转换为结构体并指向它,年加1900,月加1
47          fpo=fopen("stardata.txt","a");  /*以追加的方式("a")打开当前文件夹中的文
    本文件"stardata.txt",不存在就新建,存在就在文件结尾添加数据*/
48          //写时间信息到文件,通过"->"成员选择运算符引用其成员
49          fprintf(fpo,"%d-%02d-%02d,%02d:%02d:%02d\n",
            stm->tm_year+1900,stm->tm_mon+1,stm->tm_mday,stm->tm_hour,
            stm->tm_min,stm->tm_sec);  //写时间戳到文件
50          for(i=0;i<n;i++)
51          fprintf(fpo,"%d %s %c %.2f\n",__________________________);  /*将结构数
    组中的数据写入文件*/
52          fprintf(fpo,"\n");  //最后写一个换行到文件
53          fclose(fpo);  //最后须关闭文件
54          break;
55        case 10:  //结束程序
56          return 0;
57        default:  //什么都不做
58          break;
59        }
60      }
61      return 0;
62    }
```

运行结果:此程序在 Windows 10 64 位系统下的运行结果如下:

```
01 选择操作(0-显示内容,1-输入数据,10-结束):0
02 打开 stardata.txt 文件出错了
03 选择操作(0-显示内容,1-输入数据,10-结束):1
04 有几个数(1~100)要写入文件:3
05 输入 3 位同学的信息:编号　姓名　性别　成绩
06 103 li M 83
07 102 wang F 86
08 101 zhang M 88
09 选择操作(0-显示内容,1-输入数据,10-结束):0
10 2022-06-14,14:04:32
11 103 li M 83.00
12 102 wang F 86.00
13 101 zhang M 88.00
14 选择操作(0-显示内容,1-输入数据,10-结束):1
15 有几个数(1~100)要写入文件:3
16 输入 3 位同学的信息:编号　姓名　性别　成绩
17 105 zhen M 80
18 106 jiang F 79
19 109 hu F 90
20 选择操作(0-显示内容,1-输入数据,10-结束):0
21 2022-06-14,14:04:32
22 103 li M 83.00
23 102 wang F 86.00
24 101 zhang M 88.00
25 2022-06-14,14:05:18
26 105 zhen M 80.00
27 106 jiang F 79.00
28 109 hu F 90.00
29 选择操作(0-显示内容,1-输入数据,10-结束):10
```

2.5.3　自主编程练习

1. 24 小时制时间的调整

编程要求：

(1) 用以下结构体表示 24 小时制的时间

```
struct Time
```

```
{
    int hours;  //时
    int minutes;  //分
    int seconds;  //秒
};
```

(2) 从键盘输入时间(时、分、秒)到结构体变量中,如输入的时间不符合要求,在不退出程序的情况下可以重新输入时间。

(3) 然后再输入表示秒数的整数用于调整时间,如果是负数,表示从当前时间回退的秒数;如果是正数,表示从当前时间前进的秒数;如果是0则退出程序。

(4) 打印调整前后的时间。

(5) 程序运行时,能够多次进行时间的调整,输入调整的秒数为0时才退出程序。

程序运行示例:

```
01  请输入时,分,秒:16,31,20
02  请输入调整时间的秒数:30
03  16-31-20 调整 30 秒后为:16-31-50
04  请输入调整时间的秒数:-50
05  16-31-20 调整-50 秒后为:16-30-30
06  请输入调整时间的秒数:0
```

2. 模拟投票过程

编程要求:

(1) 用以下结构体表示候选人信息

```
struct candidate{
    int id;  //编号
    char name[30];  //姓名
    char gender;  //性别
    unsigned votes;  //得票数
};
```

(2) 先确定候选人的数量,再输入候选人的信息,得票数默认清零,不用输入。

(3) 输入“0”空格后跟整数(即编号)按候选人的编号投票,输入“1”空格后跟字符串(即姓名)按候选人姓名投票,输入“10”结束投票,并打印投票结果。程序结束前可以连续进行投票。

(4) 字符串的比较可以使用“string.h”头文件中声明的“strcmp(字符串1,字符串2)”函数,两个字符串相等函数返回0,字符串1小于字符串2返回负数,否则返回正数。

程序运行示例:

```
01  有几位候选人:3
02  输入 3 位候选人信息(编号,姓名,性别):
03  101 zhang M
04  103 li M
```

```
05  102 wang F
06  开始投票:
07  投票(0 编号,1 姓名,10 结束):
08  0 101
09  投票(0 编号,1 姓名,10 结束):
10  0 102
11  投票(0 编号,1 姓名,10 结束):
12  0 103
13  投票(0 编号,1 姓名,10 结束):
14  1 zhang
15  投票(0 编号,1 姓名,10 结束):
16  1 li
17  投票(0 编号,1 姓名,10 结束):
18  1 li
19  投票(0 编号,1 姓名,10 结束):
20  1 wang
21  投票(0 编号,1 姓名,10 结束):
22  10
23  投票结果:
24  101,zhang,M:2 票
25  103,li,M:3 票
26  102,wang,F:2 票
```

2.6 综合练习

1. 编程统计不同类型字符的个数

编程要求:将字符分为大写字母、小写字母、数字、空格、制表符(ASCII 值小于 32 的字符)和其他字符等几类,设计程序输入若干个字符,统计其中每类字符的个数并打印出来。要求用一维数组记录每种字符的个数。

设计提示:建议采用 getchar 函数和循环控制结构实现字符流的输入,在 Unix(或 Linux)系统中可以通过 Ctrl + d(相当于输入 EOF)结束输入,在 Windows 系统可通过输入 Ctrl + z(相当于输入 EOF)结束字符流的输入。

程序运行示例:

```
01  输入:12 abc XWY @#$
02  ^Z
03  输出:3 个大写字母,3 个小写字母,2 个数字,3 个空格,1 个制表符,3 个其他字符
```

注意:这里的运行示例中包含了一个回车制表符。

2. 打印日历

编程要求:设计程序,输入指定年份与元旦那天是星期几,然后以星期为单位打印这一年的日历。

程序运行示例:

```
01  输入:输入一年的年份和 1 月 1 日是星期几(1~7):2021 5
02  输出:
03  2021 年 1 月
04  星期一 星期二 星期三 星期四 星期五 星期六 星期日
05                                  1      2      3
06     4      5      6      7       8      9     10
07    11     12     13     14      15     16     17
08    18     19     20     21      22     23     24
09    25     26     27     28      29     30     31
10  2021 年 2 月
11  星期一 星期二 星期三 星期四 星期五 星期六 星期日
12     1      2      3      4       5      6      7
13     8      9     10     11      12     13     14
14  ......
```

3. 简易通讯录

编程要求:

(1) 通讯录的结构中应至少包含姓名、手机号、微信号、QQ 号等。

(2) 用结构体、文件等关键编程知识实现通讯录的输入、显示、添加、查找、存入文件等功能。

(3) 程序运行时有操作选择提示或菜单。

4. 用动态规划方法求"0-1 背包问题"的最优解

编程要求:有一个背包最大可以容纳重量为 c(整数)的物品,现在有 n 个物品,都有各自的重量和价值(均为整数)。问如何将这些物品装入这个背包里,使得背包里物品的价值最大,且其重量不能超过背包的最大容量,每种物品仅有 1 个,不可拆分,只能全部装入或不装入,这就是 0-1 背包问题。

(1) 用动态规划方法求解0-1背包问题的最优解。

(2) 输入物品的数量 n,以及 $n(3\leqslant n\leqslant 100)$ 个物品的重量和价值。

(3) 输入背包可以容纳物品的最大重量 $c(3\leqslant c\leqslant 100)$。

(4) 打印装入背包的物品编号、重量和价值。

(5) 打印装入背包里物品的总重量和价值。

编程提示:

(1) 可以用数组表示物品的属性(重量、价值和记录动态规划过程的数据)。

(2) "动态规划"(Dynamic Programming),多用于解决与时间等有关的"多阶段决策问题"(如Fibonacci数列、背包问题等),通过每个阶段的递推关系,逐个确定每个阶段的最优决策,并最终得到原问题的最优决策。动态规划程序设计是解最优化问题的一种途径,不是什么特殊的算法,它是把大问题化小,再从小问题的最优解,得到大问题的最优解的方法。更多有关动态规划的知识可以查阅资料,或通过实例漫画(https://zhuanlan.zhihu.com/p/31628866)来帮助理解。

另外因各种问题的性质不同,确定最优解的条件也各不相同,因而动态规划的设计方法针对不同的问题,各具特色,而不存在一种万能的动态规划,可以解决各类最优化问题。用动态规划方法求解的问题一般有三个特征:具有重叠的子问题、最优的子结构和状态转移方程。下面通过实例就动态规划方法求"0-1背包问题"的最优解做一个简单介绍。

假如有这样一个"0-1背包问题",其物品数量 $n=5$,重量 $w[5]=\{7,3,5,2,6\}$,对应的物品价值 $v[5]=\{6,9,1,8,6\}$,背包可以容纳物品的最大重量 $c=10$,以下为动态规划方法求此"0-1背包问题"最优解的过程。

首先根据物品的数量5和背包可以装入物品的最大重量10,建立一张二维表格 $r[6][11]$ 用来存储动态规划求解过程中的数据,如表2.3所示。表格的每一行 i 表示一个物品,最左边为物品的顺序编号1~5;上方的数字1~10为列 j,表示背包里可以装入物品的重量;而表格里存储的内容 $r[i][j]$ 表示背包里所装入物品的总价值。表格的第一行和第一列($i/j=0$)不用,仅为了编程的方便。

表2.3　建立初始表格

i/j	0	1	2	3	4	5	6	7	8	9	10
0	0	0	0	0	0	0	0	0	0	0	0
1	0										
2	0										
3	0										
4	0										
5	0										

然后从最后一个物品开始,其重量为6,价值为6。在表2.3的倒数最后一行从左到右,背包可以装入物品的重量依次为1,2,3,…,9,10。当此物品的重量 $w[5]=6$ 大于可以装入物品的重量(1~5)时,填入表格的价值为0(即不装入此物品),否则就填入此物品的价值6(即装入此物品)。如表2.4所示。

表 2.4 试着将最后一个物品装入并更新表格

i/j	0	1	2	3	4	5	6	7	8	9	10
0	0	0	0	0	0	0	0	0	0	0	0
1	0										
2	0										
3	0										
4	0										
5	0	0	0	0	0	0	6	6	6	6	6

接下来在上述基础上处理倒数第二行的物品,其重量为2,价值为8。在表2.4 $i=4$ 的一行从左到右,背包可以装入物品的重量依次为1,2,3,…,9,10。当此物品的重量 $w[4]=2$ 大于可以装入物品的重量 j 时,填入物品的价值与上次表格的值一致,即 $r[5][j]$,否则要看 $j-w[4]$ 重量在上次装入物品时的价值,然后将 $r[5][j]$ 和 $v[4]+r[5][j-w[4]]$ 的较大值填入(装入与否看哪个价值大)。如表2.5所示。

表 2.5 试着装入倒数第二个物品并更新表格

i/j	0	1	2	3	4	5	6	7	8	9	10
0	0	0	0	0	0	0	0	0	0	0	0
1	0										
2	0										
3	0										
4	0	0	8	8	8	8	8	8	14	14	14
5	0	0	0	0	0	0	6	6	6	6	6

最后在上述基础上依次处理剩下的其他物品,完成动态规划的计算。如表2.6所示。

表 2.6 试着装入剩下的物品并更新表格

i/j	0	1	2	3	4	5	6	7	8	9	10
0	0	0	0	0	0	0	0	0	0	0	0
1	0	0	8	9	9	17	17	17	17	17	18
2	0	0	8	9	9	17	17	17	17	17	18
3	0	0	8	8	8	8	8	9	14	14	14
4	0	0	8	8	8	8	8	8	14	14	14
5	0	0	0	0	0	0	6	6	6	6	6

然后从表2.6可以找到此"0-1背包问题"的最优解,方法是从1行10列开始,如果与2

行10列的值不相等，则此行(1行)的物品装入背包，然后往下比较2行10－w[1]列与再下一行相同列；否则此行(1行)的物品不装入背包，并判断2行10列与再下一行相同列。如此到最后即可得到最优解。如表2.7所示，删除线表示此行物品不装入，下划线表示此行物品装入。

表2.7　寻找最优解及装入的物品

i/j	0	1	2	3	4	5	6	7	8	9	10
0	0	0	0	0	0	0	0	0	0	0	0
1	0	0	8	9	9	17	17	17	17	17	~~18~~
2	0	0	8	9	9	17	17	17	17	17	18
3	0	0	8	8	8	8	8	9	14	14	14
4	0	0	8	8	8	8	8	8	14	14	14
5	0	0	0	0	0	0	6	6	6	6	6

程序运行示例：

```
01  输入物品的数量:5
02  输入5个物品的重量:7 3 5 2 6
03  输入5个物品的价值:6 9 1 8 6
04  输入背包可以容纳的最大重量:10
05     5 :  0   0   0   0   0   6   6   6   6   6
06     4 :  0   8   8   8   8   8   8  14  14  14
07     3 :  0   8   8   8   8   8   9  14  14  14
08     2 :  0   8   9   9  17  17  17  17  17  18
09     1 :  0   8   9   9  17  17  17  17  17  18
10  2号物品(重量:3,价值:9)装入了背包
11  3号物品(重量:5,价值:1)装入了背包
12  4号物品(重量:2,价值:8)装入了背包
13  背包里所装入物品的总重量为:10,总价值为:18
```

第3章　模块化编程练习

模块化程序设计的核心是函数。本章学习模块化程序设计的思想与方法，重点练习函数定义、函数调用、参数传递、变量作用域及存储类型等知识点。在此基础上，运用模块化程序设计思想进行计算思维方面的训练实践。

3.1　函数入门

3.1.1　知识要点

函数是模块化编程思想的最核心体现。C语言就是以函数为基本单元的编程语言，除了自身所带的丰富的库函数外，可以由开发者自定义实现具体功能的函数。

本节内容要求学习者熟练准确地理解函数的概念，掌握函数的定义方法、函数的调用及函数的声明方法。

1. 函数的定义

函数的定义包括定义函数头和实现函数体。函数头包括函数返回值类型、函数名称、函数参数三个部分；函数体则是函数的具体功能实现(若函数体为空，则无明确功能)，是由编程语言的合法规范的语法构成的语句系列。

函数的定义有以下特点：

(1) 函数遵循先定义后使用的原则；

(2) 函数定义具有位置无关性，即函数定义可以出现在程序中的任何位置，但当定义在使用之后出现时，要在调用位置之前对函数进行声明，即函数声明；

(3) 函数定义遵循平行定义的原则，严格遵从函数的模块化特性，要避免嵌套定义，即不要在函数体中再定义函数。

设计函数时的要点如下：

(1) 一个函数仅完成一个功能；

(2) 重复代码尽可能构造成函数；

(3) 函数体行数控制在50行以内(注释和空格除外);

(4) 尽量避免使用全局变量;

(5) 函数参数列表个数以不超过5个为妥;

(6) 函数调用其他函数(扇出)和被调用(扇入)的嵌套层数要合适。

2. 函数参数

函数参数包括形式参数(形参)和实际参数(实参)。形参是函数定义中括号内的参数,实参是函数调用中括号内的参数。实参与形参的关联形式有值传递(值拷贝)和地址传递。

实参可以是常量、变量、表达式等形式。

3. 函数的返回值

函数的返回值是函数执行结束后返回给主调函数的值,常见形式是在函数体中通过return语句返回。

return语句有以下特点:

(1) 一个函数的函数体中可以有一个或多个return语句,但一次只有一条return语句被执行;

(2) return语句返回的形式有常量、变量、表达式、空(函数返回值为void类型时);

(3) return语句的返回值最终类型为函数定义中的返回值类型,即类型不同时,会转换为定义的类型。

4. 函数的调用

函数的调用就是使用已定义的函数(包括库函数)。

函数的一般调用形式:函数名(实参列表)。

函数调用的要点:

(1) 函数名的一致性:调用的函数名称要与已定义的函数名称相同;

(2) 参数的一致性:参数类型、数量及顺序要一一对应;

(3) 函数调用的形式:语句、表达式、参数等;

(4) 函数可以嵌套调用,也可以递归调用(即直接或间接地调用自己)。

函数调用的规则:

(1) 当调用(执行)函数时,系统会在栈中为函数开辟独立的空间;

(2) 函数执行完毕会返回到调用函数的位置,继续执行后续程序代码;

(3) 函数返回后,分配的栈空间会销毁。

5. 函数声明

函数声明是仅取函数头而产生的一条语句。其作用是在编译时把函数的信息告诉编译系统,以保证编译正常。

函数声明的格式:返回值类型 函数名(参数类型列表或参数列表);

函数声明的特点如下:

(1) 函数声明的末尾以分号(;)结束;

(2) 函数头中的形参可以仅包含数据类型;

(3) 函数声明的位置在函数调用及定义之前，如果函数调用之前已有函数定义，则不需要函数声明；

(4) 函数声明和函数定义的参数名可以不一样。

3.1.2 程序填空练习

1. 同数连加

编写程序计算 $s=a+aa+aaa+\cdots$，比如：$s=2+22+222$，计算得到 s 的值为 246。假定求和结果范围不超过无符号长整型表示的最大值(4294967295)。

问题分析：a 为从键盘输入的 1～9 的基数数字，根据表达式各项的构成特征，在构造 $a,aa,aaa,\cdots$数项时，可以使用循环的方式来处理。

用伪代码描述的函数功能逻辑如下：

```
01  BEGIN
02      sum<-0
03      item<-digit
04      WHILE(level>0)
05      BEGIN
06          sum<-sum+item
07          item<-digit+10*item
08          level <-level-1
09      END
10      RETURN sum
11  END
```

下面的程序代码中存在一些函数定义及调用的典型错误，同时函数功能的实现上也有问题，请根据上述分析及程序功能要求，找出错误并修正，完成程序编写并测试程序运行。

```
01  #include <stdio.h>
02  int main(void)
03  {
04      int digit,level;
05      unsigned long ssum=0;
06      printf("请输入基数和项数:\n");
07      scanf("%d%d",&digit,&level);
08      ssum=sums(digit);
09      printf("%lu",ssum);
10      return 0;
11  }
```

```
12  //下面函数的定义有一些错误,请修改完善,使函数功能正确
13  unsigned long sums(int digit,int );
14  {
15    unsigned long sum = 0,item = digit;
16    while(level-- )
17    {
18        sum+ = item;
19        item=digit+10* item;
20    }
21  }
```

【拓展】 上面的程序代码中,没有对 a 的输入有效性进行判断,也没有对 n 项求和的结果是否超出数的表示范围做出判断。请完善程序代码完成对应的有效性判断。

在 sums 函数体中语句 item = digit + 10 * item;用来构造 $a\cdots a$ 结构的数,请问如果不用中间变量 item,那么 while 循环体中的语句应该怎么修改?

如果输出形式为"s = 2 + 22 + 222 = 246",请尝试修改程序。

2. 移位编码

编写函数实现如下功能:对一个正整数(unsigned short 型)进行编码,编码规则如下:0->1,1->2,…,8->9,9->0。如果最高位为 9,则保持不变。

问题分析:题目限定要编码的是无符号正整型,其有效表示范围为 0~65535(16 位系统)或 0~4294967295(32 位系统),按规则进行转换后有可能超出表示范围,因此,可以对转换结果采用 unsigned long(长整型)数据类型存储。

要对正整数逐位转换,就要获取每一位,最简单的方式就是循环使用求余及整除的方式来获取每位的数值,然后根据编码规则处理获得对应位数字。要保证最高位为 9 时不编码,在程序中就要加入判断语句,确定是否为最高位且数字为 9 并做相应处理。

本例涉及求余运算,可以尝试总结求余运算的应用场景。

用伪代码描述函数功能逻辑如下:

```
01  BEGIN
02      num< - 实参传递的值
03      bitnum< - 0
04      newnum< - 0
05      i< - 0
06      WHILE(num ! = 0)
07      BEGIN
08          bitnum< - num% 10
09          IF(num/10= = 0 AND bitnum= = 9)
10          BEGIN
```

```
11                  newnum< - newnum+ 9* pow(10,i)
12                  返回 newnum 的值或跳出循环
13              END
14              bitnum< - (bitnum+ 1)%10
15              newnum< - newnum+ bitnum* pow(10,i)
16              i< - i+ 1
17              num < - num/10
18          END
19          返回 newnum 的值
20      END
```

函数功能的流程图描述如图 3.1 所示。

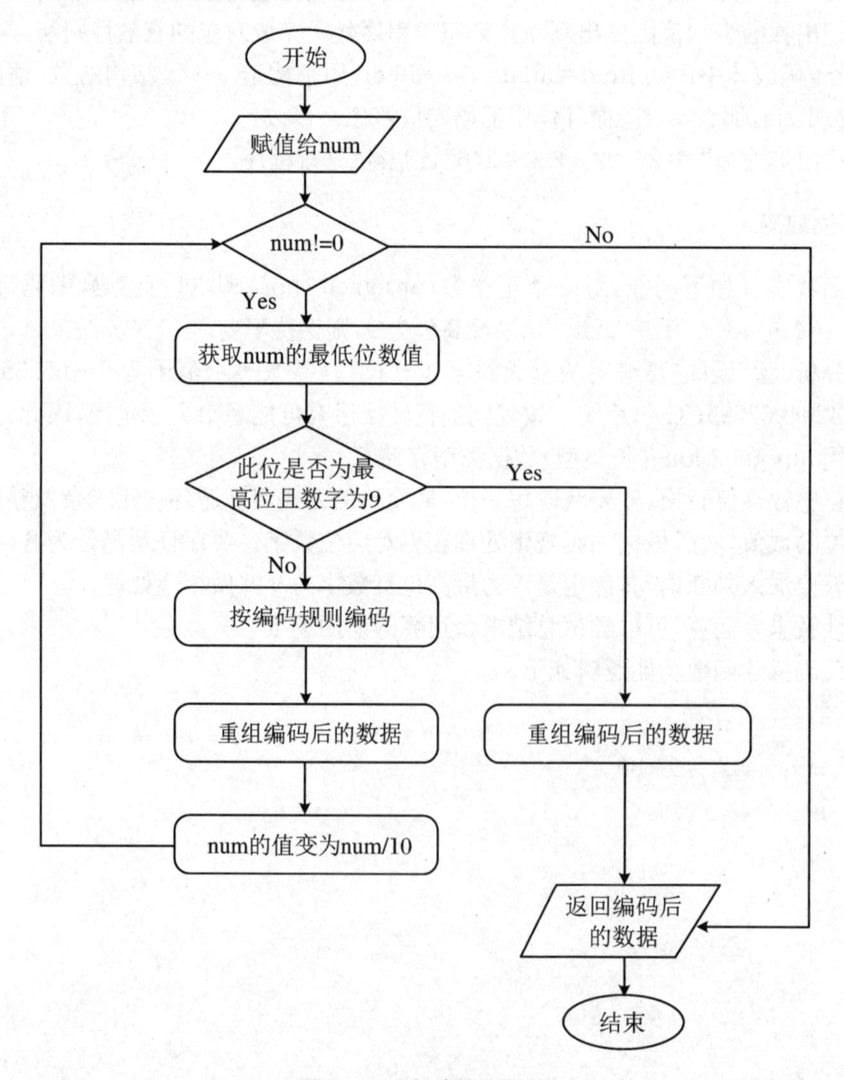

图 3.1　函数功能流程图

参考程序代码如下，请根据程序要求补全空缺部分代码。

```
01  #include <stdio.h>
02  #include <math.h>   //使用 pow 函数
03  unsigned long numEncode(unsigned num)
04  {
05      unsigned long bitnum=0,newnum=0,i=0;
06      while(num!=0)
07      {
08          ____________;  //获得当前数的最低位数值
09          if(____________)  //当前数值为最高位并且数值为 9
10          {
11              newnum+=9*pow(10,i);
12              ____________;
13          }
14          ____________;  //对获取的数值按规则编码
15          newnum+=bitnum*pow(10,i++);
16          num/=10;
17      }
18      ____________;
19  }
20  int main(void)
21  {
22      unsigned origin_num;
23      unsigned long new_num;
24      printf("请输入一个正整数:\n");
25      scanf("%u",&origin_num);
26      new_num=numEncode(origin_num);
27      printf("%d 编码为:%lu\n",origin_num,new_num);
28      return 0;
29  }
```

【拓展】 函数 numEncode 中如果不使用 pow 函数，请尝试编写代码或函数实现相同功能。

3.1.3 自主编程练习

1. 打印星堆

编程要求:

(1) 函数原型:void printstars(char star,int levels);

(2) 编写函数实现打印 levels 层 star 字符星堆的功能。

【测试用例】

输入 1: * 2

输出 1:

```
  *
* * *
```

输入 2: # 3

输出 2:

```
    #
  # # #
# # # # #
```

2. 分数约分

编程要求:

(1) 编写函数实现分数约分功能;

(2) 要对输入的分数的有效性进行判断,如分子分母必须为正整数;

(3) 能约分的分数输出约分后的结果,不能约分的则提示分数为最简分数;

(4) 输入时分子、分母的顺序自行决定,下面的测试用例中分子在前,分母在后。

【测试用例】

输入:5 10

输出:5/10=1/2

输入:1 5

输出:1/5 为最简分数

3. 分解素数积

编写函数判断某个正整数是否可以分解成两个素数的乘积,是则输出分解结果,否则输出提示信息。

【测试用例】

输入 1:6

输出 1:6=2*3

输入 2:12

输出 2:12 不能分解为两个素数的积

4. 反转输出整数

编写函数实现将一个整数反转输出。

【测试用例】

输入 1:123450

输出 1:054321

输入 2: -2022

输出 2: -2202

5. 特定数据查找

编程要求:

(1) 编写函数找出 100～999 所有整数中各位上数字之和为 x(x 为正整数)的整数;

(2) 找出的整数在主函数中按每行 5 个数进行输出,最后输出总个数。

【测试用例】

输入:(x=)5

输出:

　　104,113,122,131,140
　　203,212,221,230,302
　　311,320,401,410,500
　　符合各位上数字之和为 5 的整数个数:15

6. 三角形类型判断

编程要求:

(1) 编写函数判断输入的三角形的三条边所构成的三角形的类型;

(2) 从键盘输入三角形的三条边;

(3) 判断边的数值是否合法(正整数);

(4) 判断能否构成三角形;

(5) 若能构成三角形,请判断其类型:等边三角形、等腰三角形、直角三角形、普通三角形。

7. 天数计算

编写函数计算给定日期是本年度第几天。

编程要求:

(1) 日期为分别用整数表示的年、月、日;

(2) 函数形参为三个整型参数,分别表示年、月、日。

【拓展】 如果日期是带格式的字符串,如 2022-10-01 或 2022/10/01,请尝试编写函数实现本题的功能。

8. 求复数积

编程要求:

(1) 编写函数求解两个复数之积;

(2) 复数的结构体定义如下:

```
01  struct complex
02  {
03      double real;
04      double imag;
05  };
```

(3) 函数原型参考:

struct complex complexMul(struct complex c1, struct complex c2);

【拓展】 编写复数运算器,完成复数的其他运算功能。

3.2 函数进阶

3.2.1 知识要点

用模块化思想开发大型程序时,往往一个项目包括很多的函数,而函数的定义或声明中,函数形参也可能有多个。多函数实现多功能,多参数也能使函数更加灵活,但函数的形式参数个数应该基于函数设计“高内聚,低耦合”的特点及实际需要确定。

数组元素作函数参数,其作用与变量相同,传递给形参的是数组元素的值。但数组名作实参传递时,传递的是数组的首地址,也即数组第一个元素的地址。数组元素与数组名作为实参传递,可以对应为值传递和地址值传递。

3.2.2 程序填空练习

1. 编写函数找出包含 *N* 个元素的数组中的最大值

编程要求:下面程序设置了数组元素个数为 10,通过输入为数组赋 10 个浮点型数据。在 main 函数中直接调用函数并输出 10 个数中的最大值。请根据给出的程序代码补全空缺的代码及函数定义。

```
01  #include <stdio.h>
02  #define ELE_NUM 10
03  float findMaxEle(float[],int);
04  int main()
05  {
06      int i;
```

```
07        float ele[ELE_NUM],maxEle=0.0;
08        for(i=0;i<ELE_NUM;i++)
09        {
10            scanf("%f",&ele[i]);
11        }
12        maxEle= __________;  //调用函数
13        printf("%f\n",maxEle);
14        return 0;
15    }
16    //完成函数 findMaxEle 的定义
```

【拓展】

(1) 数组元素的个数通过输入来确定,分析这种方式存在的问题;

(2) 数组的赋值通过函数实现;

(3) 函数功能扩展为可以查找最大或最小值。

请根据上述情况改写代码实现指定功能。

2. 编写函数实现 *N* 阶矩阵转置

编程要求:下面的程序通过输入函数为矩阵配置元素,调用矩阵转置函数完成矩阵转置,最后输出转换结果。本题用二维数组来表示矩阵结构,函数中使用二维数组作形参,因此要熟练掌握函数声明或定义时形参的形式及函数调用时传递的实参形式。

```
01    #include<stdio.h>
02    #define ELE_NUM 3
03    void setMatrix(int arr[][ELE_NUM]);
04    __________;  //矩阵转置函数声明
05    void printMatrix(int arr[][ELE_NUM]);
06    int main(void)
07    {
08        int arr[ELE_NUM][ELE_NUM];
09        printf("请输入矩阵元素:\n");
10        __________;  //设置矩阵元素
11        __________;  //矩阵转置
12        printf("转置后的矩阵:\n");
13        __________;  //输出矩阵
14        return 0;
15    }
16    void setMatrix(int arr[][ELE_NUM])
```

```
17  {
18      int i,j;
19      for (i=0; i <ELE_NUM; i++)
20      {
21          for (j=0; j<ELE_NUM; j++)
22          {
23          scanf("%d",&arr[i][j]);
24          }
25      }
26  }
27  void matrixTranspose(int arr[][ELE_NUM])
28  {
29      int i,j,temp;
30      //请补全矩阵转置处理代码
31  }
32  void printMatrix(int arr[][ELE_NUM])
33  {
34      int i,j;
35      for (i=0;i<ELE_NUM;i++)
36      {
37          for (j=0;j<ELE_NUM;j++)
38          {
39          printf("%d\t",arr[i][j]);
40          }
41          printf("\n");
42      }
43  }
```

【拓展】 请尝试函数的形式参数中二维不指定数值,编译时会提示什么错误?如果形参 arr 的二维值不是 ELE_NUM,而是其他正整数,程序能正常编译运行吗?如果调用函数传递的实参写成 arr[0],编译时会有什么问题?

3.2.3 自主编程练习

1. 求最大公约数与最小公倍数

自定义函数求解两个正整数的最大公约数与最小公倍数。

编程要求：

(1) 编写两个函数，分别实现求解两个正整数的最大公约数和最小公倍数；

(2) 主程序中输入数据，调用函数求解并打印输出。

【测试用例】

输入：4 18

输出：2 36

【提示】 根据数论的概念：两个整数公有的倍数中最小的公倍数称为这两个整数的最小公倍数。两个整数共有约数中最大的一个称为这两个整数的最大公约数。求解最大公约数的方法较多，经典的有辗转相除法（又名欧几里得法）、相减法、穷举法等。本例用辗转相除法来实现两个正整数的最大公约数的求解。因最小公倍数与最大公约数的关系如下：最小公倍数＝两整数的乘积÷最大公约数，所以求解出了最大公约数，最小公倍数也就很容易求解得到。

最大公约数的辗转相除法求解步骤：

(1) a%b 得余数 c；

(2) 若 $c=0$，则 b 即为两数的最大公约数；

(3) 若 $c\neq 0$，则 $a=b$，$b=c$，再回去执行(1)。

2. 哥德巴赫猜想

编写程序验证哥德巴赫猜想：任何一个不小于 6 的偶数都可以表示为两个奇素数之和。

编程要求：

(1) 用函数实现判断一个数是否为素数；

(2) 用函数实现判定给定的偶数是否满足哥德巴赫猜想；

(3) 主程序中调用定义的函数打印 6～1000 的分解结果。

【提示】

(1) 素数是只能被 1 和自己整除的正整数，1 不是素数，2 是素数；

(2) 函数原型参考：

- int isPrime(int)；
- void printGoldBach(int)；

3. 求解 e^x

编写程序求解近似值：$e^x = 1 + x + \frac{x^2}{2!} + \frac{x^3}{3!} + \cdots + \frac{x^n}{n!}$。

编程要求：

(1) 分别编写求解阶乘、乘方、求和三个函数；

(2) 编写主程序完成函数功能的测试。

【提示】

函数原型参考：

- long func_fac(int)；
- double func_pow(double, int)；
- double func_sum(double, int)；

注意阶乘求解超出数据表示范围的问题。

4. 矩阵相乘

编写函数求解两个矩阵相乘。

编程要求: 从键盘输入两个矩阵的行、列数,然后分别输入两个矩阵的元素值,调用函数实现两个矩阵相乘,并输出结果。

【提示】

(1) 矩阵用二维数组表示,两个相乘矩阵的行、列数分别为 $m,n;n,p$,相乘结果矩阵行、列数分别为 m,p。

(2) 两个矩阵的行、列维度可以用宏定义,也可以设置变量,通过键盘输入值。矩阵的初始数据从键盘输入。

5. 求整数因子

编写函数求一个整数的因子之和并返回此数的所有因子。

编程要求:

(1) 所有因子存在数组中,因子之和用数组形式的函数形参返回;

(2) 主程序中调用函数输出因子及因子之和。

【提示】

函数原型参考:

```
void udf_sum1(int p,int fac[],int s[]);
```

6. 浮点数拆分

编写函数实现将一个浮点数拆分成整数与小数两个部分。

编程要求:

(1) 浮点数的范围为(-10000,10000),小数部分不超过6位;

(2) 拆分后的整数和小数部分转化为字符串存入字符数组中;

(3) 主程序中调用函数拆分浮点数,并按整型输出整数部分,按浮点型输出小数部分。

【提示】

函数原型参考:

- void splitFloat(float fnum,char intPart[],char floatPart[]);
- void char2int(char intPart[]);
- void char2float(char floatPart[]);

7. 删除字符

编写函数实现删除字符串中所有指定字符的功能。

编程要求:

(1) 字符串和要删除的字符都从键盘输入;

(2) 字符串的读入及字符删除操作都用函数实现;

(3) 编写主程序完成函数功能的测试。

【提示】

函数原型参考：

- void getString(char[]);
- void deleteCharInString(char[],char);

8. 字符串复制

编写函数实现字符串的复制功能。

编程要求：

(1) 字符串的读入及复制都用函数实现；

(2) 复制操作是将字符数组 *s* 中的内容复制到字符数组 *t* 中；

(3) 复制内容方式包括：全复制、指定位置指定长度的复制。

【提示】

函数原型参考：

- void getString(char[]);
- void strCopy(char t[],char s[],int pos,int len);

pos,len 的值可以通过输入指定，在函数处理中要考虑 pos,len 的值的有效性，并进行合适的处理。

9. 字符串匹配

编写程序实现字符串的模式匹配处理。

从键盘输入一段英文文本，输入回车(\n)或终止符结束，判断此段文本中是否包含指定模式(如字母组合)的内容，如果有，则输出此段文本。

编程要求：

(1) 获取文本和模式匹配判断分别用函数实现，文本段落的长短自行设置；

(2) 在主程序中调用函数测试模式匹配功能；

(3) 用 fgets 函数替换自定义函数获取文本并测试功能。

10. 回文日期判断

编写程序判断一个用8位无符号整型数据表示的日期是否是一个回文日期。

编程要求：

(1) 编写函数判断日期是否是一个有效的日期表示(涉及闰年、月份、天数等)；

(2) 编写函数判断日期是否是一个回文日期；

(3) 编写程序调用函数测试程序功能。

11. 字符串译码

请编写函数用下列指定的前缀码表对以 0,1 组成的字符串进行译码处理。

前缀码表(前缀码表是一类常见的编码方式，常用于无二义性的编码处理)：a:1，b:01，c:001。

【测试用例】

输入：001011101001011001

输出:cbaabcbac

12. 重复字符处理

编程要求:将有重复字符的字符串(长度不超过 30 个)处理后按如下要求输出:多于 1 个且不超过 9 个的连续字符只输出 1 个,并在字符前标注出字符的个数,等于 1 个的字符原样输出。

函数原型:void string_filter(char s[]);

【测试用例】

输入:Ussstcc--2021

输出:U3st2c2-2021

13. 子串查找

编写函数实现在字符串中查找子串的功能。

编程要求:

(1) 找出字符串子串的个数并返回,如果未找到,则返回 0;

(2) 函数原型:int udf_substr(char str[],char substr[]);

14. 括号匹配

编写函数判断括号的匹配性。

编程要求:

(1) 匹配,返回 1,不匹配,返回 0;

(2) 在 main 函数中测试验证函数功能。

【测试用例】

输入:()()(()()

输出:不匹配

输入:((()()))

输出:匹配

15. 数字门禁

编写程序模拟门禁系统的基本功能。

编程要求:选择呼叫功能,输入门牌号,验证门牌号是否正确。如果错误,则提示错误;如果正确,则输入密码,验证后如果密码正确则打开门禁,否则提示错误。

【提示】 门牌信息用二维数组表示,如一栋楼有 6 层 6 户,可设置为 doors[6][6],二维数组元素的值为通过随机数产生的 6 位正整数密码。门牌号的输入采用 2 位整数,比如第一层第二户,标识为 12,那么二维数组下标为[0][1]的元素则代表此户的信息。

【拓展】 在楼层数超过 9 的情况下,门牌号采用什么样的标识与二维数组关联起来?

3.3　模块化编程

3.3.1　知识要点

1. 模块化编程

模块化程序设计或称模块化编程(modular programming),指的是将软件系统按照功能层层分解为若干独立的、可替换的、具有预定功能的模块,各模块之间通过接口(对输入与输出的描述)实现调用,互相协作解决问题。模块化并不必然带来好处,由于需要考虑如何划分模块、如何设计模块间的接口,程序设计的过程通常会变得更加复杂。但设计良好的模块能重复使用或任意替换,使得复杂程序的设计变得更加灵活与高效,因此模块化方法得到了广泛的应用。

模块化思想的要点是模块设计遵循"高内聚、低耦合"的原则提升模块的通用性和可移植性。

一个包含多函数的程序,一般运用项目管理的理念来开发。常用软件如 Visual Studio、CodeBlocks、Dev-C++等都有这种模式。项目管理的基本思路是宏定义、数据结构定义(声明)、函数原型声明等存放在自定义的以.h为后缀的头文件中,头文件中声明的函数原型在与头文件同名的.c文件中具体定义。在主程序中包含.h头文件,就可以使用头文件中定义或声明的宏、数据结构及函数。

总体来讲,.h文件主要负责声明,主要包括函数声明、宏定义等,.c文件主要负责实现,主要是定义函数。简单地说,模块化编程指一个程序包含多个.h及.c的源文件,.h文件为头文件,.c文件则可以看作一个模块。

2. 自顶向下设计方法

自顶向下设计是将一个系统逐层分解为子系统的设计过程,也就是对整个要设计的系统进行概要设计,设计出多个子系统,再对子系统重复这个过程,直到子系统的功能足够简明,通过这个逐步求精的过程,达到直接编码就能实现对应功能,最终完成整个系统的功能设计。

3. 函数的类型

根据函数能否被其他源文件调用的特性,函数分为内部函数和外部函数。内部函数只能被本文件中其他函数调用,也称为静态函数。其定义形式为:static 返回值类型 函数名(开参数表)。外部函数可供其他文件调用,其定义形式为:extern 返回值类型 函数名(开参数表)。extern 关键字可以省略,即默认为外部函数。

4. 变量的作用域及生存期

变量的作用域是指变量的使用范围,根据这个属性,定义的变量有局部变量和全局变量(外部变量)两种。变量的生存期是指在程序运行期间变量被分配及占用内存空间的状态,常有动态变量(自动变量)和静态变量两种。

5. 文件包含

文件包含是用C语言的#include命令包含指定文件的一种预处理命令。编译系统中的预处理器会将#include包含文件的全部内容复制到该命令所在的行代替该行成为源程序的一部分,然后进行编译处理生成目标文件。文件包含可以包含库文件,也可以包含自定义的文件。

6. 库函数

库函数是将函数封装入库,供用户使用的一种方式。方法是把一些常用到的函数放到一个文件里,供不同的人进行调用。C语言有非常丰富的函数库。

7. 递归函数

函数的递归调用是函数直接或间接地调用自己。函数的递归调用会耗用系统内存空间,因此递归要有结束条件。

3.3.2 程序填空练习

1. 运用模块化程序设计思想解决实际问题

问题分析:有一块如图3.2所示的四边齐整的马铃薯田,已知各边顶点的坐标(与坐标原点的相对位置,单位为米)及亩(1亩约合666.67平方米)产量(千克/亩),试求此块马铃薯田的马铃薯总产量(千克)。

编程思路:从计算思维的角度来看,要求解马铃薯田的马铃薯总产量,从根本上来讲是根据已知条件进行相应的数学运算,对给定的数据运用数学模型求解结果。此题中主要的数据运算是乘法,主要的数学模型是三角形面积求解。所以,可以将不完全规则的多边形转换为三角形,并运用任意三角形的面积求解方法计算出面积,进而得到马铃薯田的总面积(如图3.3所示)。此问题中,由于只知道不规则多边形各个顶点的坐标,因此,还需要运用数学模型中已知两个顶点求边长的方法求解各三角形的边长。

从模块化程序设计的角度来分析问题,可以发现,上面的数学建模中,求边长、三角形的面积都是重复性的工作,因此可以将这两个功能模块化,分别用函数单独实现具体功能,在主函数中解决问题时就可以调用这些功能模块(函数)来求解。求解边长的函数形参包括两个顶点的坐标,求解三角形面积的函数形参包括构成闭合路径的三条边的三个顶点的坐标。

对本题来说,当求解的数学模型已知时,可以用数组存储不规则多边形的顶点坐标值,数据类型设计为浮点型数据更符合实际情况。显然,将函数的形参及返回值设为浮点型数据是合理的。

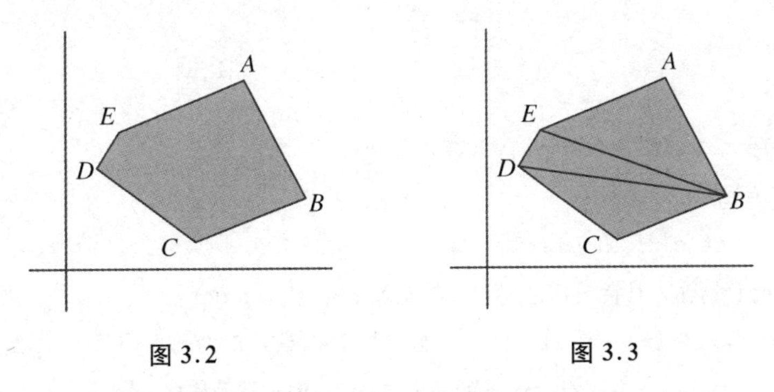

图 3.2　　　　图 3.3

根据上面的分析，可以初步设计出编程中需要定义的函数原型，比如：

```
// 求解边长
double calSideLength(double x1,double y1, double x2,double y2);
//求解三角形面积
double calTriangleArea(double x1,double y1, double x2,double y2, double x3,double y3);
```

图 3.4 是处理思路细分结构图。

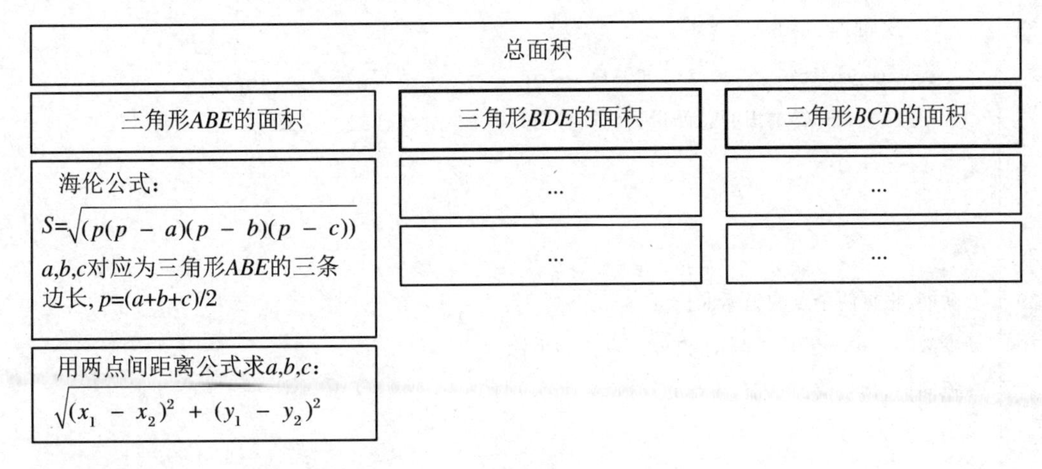

图 3.4

程序填空：

```
01  /*
02  *功能:解决实际问题——求马铃薯田的马铃薯总产量
03  */
04  #include <stdio.h>
05  #include <math.h>
06  // 求解边长的函数原型声明
07  double calSideLength(double x1,double y1, double x2,double y2);
08  //求解三角形面积的函数原型声明
09  double calTriangleArea(double x1,double y1, double x2,double y2, double x3,double
    y3);
```

```
10  int main()
11  {
12      double x1,x2,x3,x4,x5,y1,y2,y3,y4,y5;
13      double s,s1,s2,s3;
14      double yield,total_yield;
15      printf("请输入马铃薯田边界顶点的位置坐标(x,y):\n");
16      scanf("%lf %lf %lf %lf %lf %lf %lf %lf %lf %lf",&x1,&y1,&x2,&y2,&x3,&y3,&x4,
        &y4,&x5,&y5);  //注意 scanf 的输入 double 型数据的格式
17      printf("请输入马铃薯田的亩产量(千克/亩):");
18      scanf("%lf",&yield);
19      //计算划分成的三个三角形的面积及总面积
20      ___________;
21      ___________;
22      ___________;
23      s=s1+s2+s3;
24      total_yield=s/(2.0/3*1000)*yield;
25      printf("马铃薯田的总产量为(千克/亩):%.2f\n",total_yield);
26      return 0;
27  }
28  /*
29  *功能:根据两个点的坐标求长度
30  *参数:x1,y1-点 1 的坐标;x2,y2-点 2 的坐标
31  *返回值:边长值
32  */
33  double calSideLength(double x1,double y1, double x2,double y2)
34  {
35      ___________;
36  }
37  /*
38  *功能:根据三个点的坐标求三角形面积
39  *参数:x1,y1-点 1 的坐标;x2,y2-点 2 的坐标;x3,y3-点 3 的坐标
40  *返回值:三角形面积值
41  */
42  double calTriangleArea(double x1,double y1, double x2,double y2, double x3,double y3)
43  {
44      double p,e1,e2,e3;
```

```
45	    ________;
46	    ________;
47	    ________;
48	    p=(e1+e2+e3)/2;
49	    return sqrt(p*(p-e1)*(p-e2)*(p-e3));
50	}
```

【拓展】

(1) 如果定义一个结构体变量：

```
01	struct point
02	{
03	  float x;
04	  float y;
05	};
```

以此来表征顶点的坐标。请尝试修改程序代码并运行测试。

(2) 结合教材第4章思考与练习第19题，尝试编程解决问题。

(3) 修改上面的代码，将函数原型声明写在文件 area.h 中，将函数的定义写在文件 area.c 中，在主文件中引入 area.h 文件并验证程序功能。

2. 用结构化程序设计中的“自顶向下”设计方法编程实现完数的求解问题

编程要求：请参考给出的代码，补全空缺部分的代码。

题目描述：若一个数正好等于其因子之和(包括1，但不包括其本身)，则这个数称为完数。编程求解 $1\sim n$(n 为正整数)范围内的完数，输出完数及其因子。

输入：指定范围的上限值

输出：完数及其因子列表

样例输入：

100

样例输出：

6:1 2 3

28:1 2 4 7 14

问题分析：要判断一个数是否是完数，首先要求出此数的所有因子(不包括数本身)，然后再判断因子之和是否等于此数。

因此按自顶向下的算法设计，顶层算法参考如下：

```
01	for(i=1; i<=n; i++)
02	{
03	    if(i是完数)
04	    {
```

```
05            //输出完数及其因子
06        }
07    }
```

分解顶层算法:① 判断 i 是否是完数;② 输出完数及其因子列表。

```
01    //判断 i 是否是完数
02    int getPerfectNumber(int n,int factorsList[])
03    {
04          //处理代码
05    }
06    //输出完数及其因子列表
07    void print(int n,int factorsList[])
08    {
09         //处理代码
10    }
```

有了明确的层次结构,就可以根据具体要求完成各层函数的算法设计,编写代码实现具体功能。结构化自顶向下或自底向上的方法会让编写大型程序时结构更清晰,思路更严谨,代码更规范。

程序填空:

```
01    /*
02    *程序功能:输出一定范围内的完数及完数因子列表(不包括完数自身)
03    */
04    #include <stdio.h>
05    //全局变量,用于统计因子个数
06    int factorsNum=0;
07    //求解数的因子并判断是否为完数的函数原型声明
08    int isPerfectNumber(int num,int factorsList[]);
09    //输出完数及其因子列表(不包括完数自身)的函数原型声明
10    void print(int perfectNumber,int factorsList[]);
11    int main()
12    {
13        int i,upperNumber,factorsList[100];
14        printf("请输入范围上限:");
15        scanf("%d",&upperNumber);
16        for (i=1;i<=upperNumber;i++)
17        {
```

```
18        if (__________)  //函数调用
19        {
20            __________;  //函数调用
21        }
22    }
23    return 0;
24 }
25 /*
26 *功能:求解数的因子并判断是否为完数
27 *参数:num:待处理的数,factorsList:保存完数的因子
28 *返回值:若数为完数,返回 1,否则返回 0
29 */
30 int isPerfectNumber(int num,int factorsList[])
31 {
32     int i,j=0,sum=0;
33     //补全代码
34     if (num==sum)
35         return 1;
36     return 0;
37 }
38 /*
39 *功能:输出完数及其因子列表(不包括完数自身)
40 *参数:perfectNumber:完数,factorsList:保存完数因子的数组
41 *返回值:无,在函数体输出
42 */
43 void print(int perfectNumber,int factorsList[])
44 {
45     int i;
46     printf("%d:",perfectNumber);
47     for (i=0;i<factorsNum;i++)
48     {
49         printf("%d ",factorsList[i]);
50     }
51     printf("\n");
52 }
```

【拓展】 如果不用全局变量 factorsNum,如何设置函数形参及处理函数参数的传递?如果不用全局变量,也不在函数中设置参数,有办法实现程序的功能吗?

3. 模块化程序设计中函数类型、变量类型及作用域分析

问题分析:在模块化程序设计中,函数之间的接口一般通过设计函数的形参来联通,函数的形参是局部变量,其作用域在此函数体内,形参的值是在函数被调用时传递的实参值(值或地址)。全局变量的作用域为其定义开始至程序结束,虽然可以作为各个函数之间的通信桥梁,但是破坏了结构化程序的封闭性和独立性,一般不建议用于函数间的接口通信。

本程序演示了全局变量、静态全局变量和静态局部变量、形参、局部变量(函数体内和代码块内),请同学们编写代码并运行测试,正确理解变量的定义及作用域。

参考代码:

```
01  #include <stdio.h>
02  extern int extern_num;  /*其定义在 main 函数之后,因此在定义之前使用时需要用 extern
    声明为外部变量*/
03  static int static_num=100;
04  int n=10;  //全局变量 n
05  void func0()
06  {
07      printf("extern_num:%d\n",extern_num);
08      printf("static_num:%d\n",static_num);
09      extern_num=2018;
10      static_num++;
11      printf("extern_num:%d\n",extern_num);
12      printf("static_num:%d\n",static_num);
13  }
14  void func1()
15  {
16      int n=20;  //n 为函数 func1 内部定义的局部变量
17      printf("func1 n:%d\n",n);
18  }
19  void func2(int n)  //n 为函数 func2 的形参
20  {
21      printf("func2 n:%d\n",n);
22  }
23  void func3()
24  {
```

```
25      printf("func3 n:%d\n",n);  //n的值为全局变量n的值10
26  }
27  void func4();
28  void func5(int);
29  int main()
30  {
31      func0();
32      printf("extern_num:%d\n",extern_num);
33      printf("static_num:%d\n",static_num);
34      int n=30;  //main函数内部定义的局部变量
35      func1();
36      func2(n);  //n为实参,其值为30
37      func3();
38      //代码块由{}包围
39      {
40          int n=40;  //代码块{}内定义的局部变量
41          printf("block n:%d\n",n);
42      }
43      printf("main n:%d\n",n);  //n的值为main函数内部定义的局部变量n的值30
44      //printf("global variable n1:%d\n",n1);
45      func4();
46      func5(n);  //n的值为main函数内部定义的局部变量n的值30
47      // printf("n5=%d\n",n5);  //此条语句能否通过编译?
48      return 0;
49  }
50  int extern_num=90;
51  int n1=50;  //能将n1改为n吗?
52  void func4()
53  {
54      printf("global variable n1:%d\n",n1);
55      // printf("global variable n:%d\n",n);
56  }
57  void func5(int n)
58  {
59      static int n5=10;
60      n5++;
```

```
61        printf("n5+n=%d\n",n5+n);
62        static_num++;
63        printf("extern_num:%d\n",extern_num);
64        printf("static_num:%d\n",static_num);
65    }
```

【拓展】 自己编写程序深入了解同名变量的屏蔽原则及静态变量的生命周期。

4. 用递归函数实现任意整数的反转输出

编程要求:理解递归函数的本质,能结合具体问题分析递归流程。
题目描述:编写一个递归函数,将从键盘输入的任意整数反转输出。
输入:从键盘输入一个整数
输出:输出这个整数的反转形式
样例输入:
12345
样例输出:
54321
样例输入:
-12345
样例输出:
-54321
样例输入:
43210
样例输出:
01234

问题分析:从样例输入及输出来看,整数反转的结果实际上是一个字符串,如果不视为字符串,43210 的反转输出 01234 就不合理。所以,如果按照模余反乘的方法来实现,整数末尾至少 1 个 0 的情况就不好处理。同时,模余反乘的方法严谨一些要考虑反转的数是否超过整型数值的范围。

模余反乘方法是对数逐次取 10 的余,然后逐次将结果乘以 10,从而得到反转的数。比如,123 要转换成 321,处理过程是:

123%10=3	3*10=30	判断 123/10==0? 结束:继续
12%10=2	(3*10+2)*10=320	判断 12/10==0? 结束:继续
1%10=1	(3*10+2)*10+1=321	判断 1/10==0? 结束:继续

使用递归的思想,每处理一个数位就输出,可以避免上面提到的情况出现。

递归的处理过程是:

1.输出	求123%10,输出3	3
2.递归调用	求123/10,继续	
3.输出	求12%10,输出2	2
4.递归调用	求12/10	
5.输出	求1%10,输出1	1
6.递归调用	求1/10	
7.判断?结束?	结束调用(递归)	

程序填空:

参考下面的程序代码,补全空缺部分代码。理解递归处理过程,并编程运行测试。

```
01  /*
02  *功能:整数反转输出
03  */
04  #include <stdio.h>
05  #include <math.h>   //调用fabs函数求绝对值
06  /*
07  *功能:递归函数,递归输出
08  *参数:decimal:正整数
09  *返回值:无,在函数体中输出结果
10  */
11  void decimalReverse(unsigned decimal)
12  {
13      if(decimal/10==0)
14      {
15          printf("%d",decimal);
16      }
17      else
18      {
19          __________;  //输出反转位的值
20          __________;  //递归调用
21      }
22  }
23  int main()
24  {
25      int decimal;
26      printf("Please enter a decimal:");
```

```
27      scanf("%d",&decimal);
28      printf("%d <->%c",decimal,decimal>0?' ':'-');
29      __________;  //调用递归函数,使用math.h标准库的fabs求decimal的绝对值
30      return 0;
31  }
```

3.3.3 自主编程练习

1. 简单成绩管理

运用模块化程序设计“自顶向下”的方法编写简单成绩管理系统。

编程要求:编写完整程序并撰写详细的设计思路。

题目描述:简单成绩管理系统基本功能包括学生成绩添加(学生信息包括学号、姓名、成绩)、学生成绩修改、根据学号查询成绩、输出成绩等。在输入学生信息时要检验信息的合理性,比如,学号由5位数字组成、成绩范围是[0,100]等。

2. 简单数据处理

运用模块化程序设计方法编写简单数据处理程序。

题目描述:设有足够空间存储要处理的数据(数组存储),请编写函数实现数据的增加(设原始数据个数为0)、数据的删除、求和、计算平均值等操作。函数中使用的数组元素个数通过全局变量或函数返回值两种方式来处理,请根据不同方式调整函数定义。

在主程序中调用函数测试自定义的函数功能。

3. 递归法求字符串长度

用递归和非递归的方法分别实现求字符串长度的函数udf_strlen。

编程要求:不能使用标准函数库中的字符串操作函数。

4. 递归法进制转换

编写递归函数实现十进制正整数转换为二进制、八进制、十六进制。

题目描述:输入任意一个十进制正整数,根据设置的待转换进制,完成十进制到指定进制的转换,并输出转换结果。

输入:一个十进制数

输出:转换为指定进制的结果

样例输入:

111 8

样例输出:

157

样例输入:

111 16

样例输出：

6F

【实验说明】 根据十进制转换为其他进制的基本方法——辗转相除取余法，可以分析得到其中有重复类似的处理过程，即用十进制数除以待转换的进制数，得到一个商及一个余数，余数为转换的一部分结果。然后继续用商除以待转换的进制数，再得到一个商及一个余数，依次类推，直到商为 0。

这里可以分析得到，本题递归函数的基本的终止条件是商为 0，递归调用时改变的是商，得到的余数是要输出的转换结果。根据转换原则，转换结果的高位在最后得到，输出时应最先输出。所以可以在递归调用后输出当次转换结果，所有递归处理逆向处理完毕就得到完整的转换结果。

为考虑程序的通用性，转换函数参数中包括两个形参，一个是待转换的十进制数，一个是要转换成的进制。函数原型声明参考如下：

void dec2sn(int decimal, int systemNumber);//decimal：十进制数，systemNumber：待转换进制

5. 回文字符串判断

题目描述：回文字符串顾名思义，它正着读和反着读都是一样的。比如 level，eye 都是回文单词。现在输入一个字符串存入数组，用递归的方法判断它是否是回文字符串。

输入：一个连续的字符串

输出：是否是回文字符串的结果

【测试样例】

输入 1：programm

输出 1：不是回文字符串！

输入 2：level

输出 2：是回文字符串！

6. 递归查找杨辉三角值

用递归的方法求解杨辉三角某个位置的值。

题目描述：杨辉三角形又称 Pascal 三角形，它的第 $i+1$ 行是 $(a+b)^i$ 的展开式的系数。它的一个重要性质是：三角形中的每个数字等于它两肩上的数字相加。比如以下是杨辉三角形的前 4 行：

```
      1
    1   1
  1   2   1
1   3   3   1
```

该题目并非计算整个杨辉三角的值，而是用递归的方法确定某个位置的值，解题思路类似于递归法求解斐波那契数列的某一项值。

输入：杨辉三角的行数和列数

输出：该位置的值

样例输入：

请输入行：4

请输入列：2

样例输出：

该位置的值为：3

7. 标识符判别

编写函数判断用户输入的字符串是否符合构成C语言标识符的规定。如果符合规定，则生成一个标识符，并统计标识符的长度；如果不符合规定，显示出错信息。

编程要求：设定字符串长度不超过16。

【提示】

(1) 合法标识符以字母或下划线开头，第一个字符后面的字符可以是任意的字母、数字或下划线的组合。

(2) 下划线的ASCII码值为95。

(3) 字符的判断可以使用ctype.h头文件的函数。int isalnum(int c)函数检查所传的字符是否是字母和数字。

3.4 计算思维实践

3.4.1 知识要点

任何计算机程序都是对特定数据进行特定处理的过程。从IPO(输入-处理-输出)的角度来看，对数据的处理包括原始数据的输入、对原始数据的加工处理和对加工处理后的数据输出，数据是整个流程的核心之一。函数的形参是数据输入的接口，返回值是数据加工后的结果，函数体中的程序(算法)是处理对数据的加工。无论是面向过程编程，还是面向对象编程都是基于模块进行的。对数据的操作处理类型很多，在编程中比较经典的操作有排序与查找，而排序与查找常常基于大量数据，C语言程序中常用数组来处理较多的同类型数据元素。

排序是对无序数据按照一定的原则如升序或降序方式进行处理，使无序数据变成有序数据。排序算法有很多，比如选择排序、插入排序、交换排序等。

查找是在无序或有序数列中查找给定的数据，顺序查找(无序和有序数列都适用)和二分查找(适用于有序数列)是常用的查找方法。

本节运用模块化程序设计方法帮助学习者进一步理解并掌握编写函数实现排序与查找算法。

3.4.2　程序填空练习

1. 插入排序

用插入排序方法编写函数实现对 N 个整数按从小到大的顺序排序并输出。

【测试样例】

输入:7 90 －21 －76 48 671 90821 0 12 5

输出:－76 －21 0 5 7 12 48 90 671 90821

问题分析:插入排序算法较为简单明了,通过双重循环,外层循环决定排序轮次,内层循环寻找待排序元素插入位置后移动元素完成排序。

本例中,数据输入、排序及排序后的输出都用函数实现。数据输入函数的形参包括存储数据的数组及输入元素的个数;排序函数的形参包括要排序的数组及参与排序的数据个数;输出函数的形参包括要输出的数组及输出元素的个数。三个函数的原型声明如下:

(1) void inputArray(int[],int);

(2) void sortArray(int[],int);

(3) void outputArray(int[],int)。

在主程序中调用上述三个函数完成数据的输入、排序及输出功能。

程序填空:参考程序代码如下,请补全空缺部分代码,使程序功能正常。

```
01  #include <stdio.h>
02  #define N 10
03  void inputArray(int[],int);
04  void sortArray(int[],int);
05  void outputArray(int[],int);
06  int main()
07  {
08      int num[N];
09      printf("Input %d Numbers:\n",N);
10      inputArray(num,N);  //输入函数调用
11      putchar('\n');
12      printf("unsorted output:\n");
13      outputArray(num,N);  //输出函数调用
14      putchar('\n');
15      sortArray(num,10);  //插入排序函数调用
16      printf("sorted output:\n");
17      outputArray(num,N);  //输出函数调用
18      return 0;
19  }
```

```
20  void inputArray(int r[],int n)
21  {
22      //请补全代码
23  }
24  void sortArray(int r[],int n)
25  {
26      //请补全代码
27  }
28  void outputArray(int r[],int n)
29  {
30      //请补全代码
31  }
```

【拓展】 改写数据输入函数，在函数中统计输入的数据个数作为函数的返回值。请注意在这种情况下，数组大小的设置问题。

2. 顺序查找

在 N 个相同数据类型的元素中查找指定的数据，如果找到，则输出元素的顺序序号及元素值；如果没有找到则输出提示信息。

【测试样例】

输入 1：

1 3 －7 132 0 91 54 －27 99 32

91

输出 1：

num is a[5]:91

输入 2：

1 3 －7 132 0 91 54 －27 99 32

30

输出 2：

num is not exist.

问题分析：本题用顺序查找的方法比较合适。顺序算法简单易懂，数列可以有序，也可以无序。通过循环遍历数列并与要查找的元素逐一比较来确定查找结果。

【参考代码】

```
01  # include < stdio.h>
02  # define N 10
03  int sequenceSearch(int a[],int value,int n)
04  {
05      //请补全代码
```

```
06  }
07  int main()
08  {
09      intarr[N],num,result;
10      printf("Input %d Numbers:\n",N);
11      inputArray(arr,N);  //参考前例
12      putchar('\n');
13      printf("Input search number:\n");
14      scanf("%d", &num);
15      result=sequenceSearch(arr,num,N);  //调用顺序查找函数
16      if (result !=- 1)
17          printf("num is arr[%d]:%d",result,arr[result]);
18      else
19          printf("num is not exist");  //如未找到待查元素给出提示信息
20      return 0;
21  }
```

3.4.3 自主编程练习

1. 字符串长度排序

编写程序对若干个字符串按长度由小到大排序。

编程要求：

(1) 自定义函数输入字符串；

(2) 自定义函数求字符串长度；

(3) 自定义函数实现排序算法；

(4) 自定义函数输出排序结果；

(5) 不允许调用标准库中的字符串处理函数、排序函数；

(6) 根据下面参考代码中给定的函数原型完成函数定义。

【提示】 参考程序代码如下：

```
01  # include < stdio.h>
02  # define StrLen 100
03  void udf_getString(char[],int strlength);
04  int udf_strlen(char s[]);
05  void udf_sort(char s[][StrLen],int strNum);
06  void udf_print(char s[][StrLen],int strNum);
07  int main()
```

```
08  {
09      //补全代码
10      return 0;
11  }
```

2．整数序列的冒泡排序

输入一个长度为 N 的整数序列后用冒泡排序算法进行排序并跟踪排序执行过程。

题目描述：利用冒泡排序算法对给定序列进行排序并输出每轮排序结果。

输入：键盘输入 $N(N\geqslant5)$个整数

输出：输出每轮的排序结果

样例输入：

请输入整数序列：

12 3 55 37 6 21

样例输出：

排序过程为：

3 12 37 6 21 55

3 12 6 21 37 55

3 6 12 21 37 55

3 6 12 21 37 55

3 6 12 21 37 55

【拓展】 用选择排序和插入排序算法完成该题。

3．数组合并排序

已知 a[M]，b[N]两个整数数组，编写函数将两个数组合并并按升序排列放入数组 c[M+N]。

题目描述：分别输入两个数组，再合并成一个数组并排序。

输入：输入两个整数数组

输出：给出合并后的排序结果

样例输入：

请输入数组 1：

4 1 129 88 59

请输入数组 2：

74 891 2 32 16

样例输出：

合并后的排序结果为：

1 2 4 16 32 59 74 88 129 891

【拓展】 用选择排序和插入排序完成该题。

4. 按位置插入数据

输入 $n(n\leqslant 9)$个正整数存放于长度为 10 的一维数组 num[10]，输入整数 position 和 number，编写函数将 number 插入数组中 position 指定的位置。

题目描述：用顺序查找找到插入位置后实现元素的插入。

输入：输入不定数量(0～9)的正整数放入数组，输入插入位置和待插入元素

输出：插入完成后的数据序列

样例 1 输入：

请输入正整数(数量不超过 9 个)：

13 4 55 9 1

请输入插入位置：

3

请输入插入数字：

100

样例 1 输出：

插入后的结果为：

13 4 100 55 9 1

样例 2 输入：

请输入正整数(数量不超过 9 个)：

5 66 11 32

请输入插入位置：

10

请输入插入数字：

100

样例 2 输出：

插入后的结果为：

插入位置错误

5. 按位置删除数据

输入 $n(n\leqslant 10)$个正整数存放于一维数组 num[10]，输入整数 position，编写函数将数组中 position 指定位置的数据删除，后续数据依次前移一位。

题目描述：根据输入的位置将数组对应元素删除并将后续元素前移。

输入：输入不定数量(0～9)的正整数放入数组，输入待删除元素的位置

输出：删除完成后的数据序列

样例 1 输入：

请输入正整数(数量不超过 9 个)：

13 4 55 9 1

请输入删除位置：

4

样例 1 输出：

删除后的结果为：

13 4 55 1

样例 2 输入：

请输入正整数(数量不超过 9 个)：

5 66 11 32

请输入删除位置：

10

样例 2 输出：

删除后的结果为：

删除位置错误

【拓展】 出现错误后可以选择重新输入。

6. 二分法查找数据

给定 N 个奇数(1,3,5,7,…)存放于一维数组 num[N],输入一个数字,编写函数用二分查找算法查找该数,如有该数字将其删除后输出新的数组,如没有给出相应信息。

题目描述:练习使用二分查找算法查找元素并将其删除。

输入:输入一个整数

输出:如查到则输出删除完成后的数据序列,否则给出信息

样例 1 输入：

请输入正整数：

13

样例 1 输出：

删除结果为：

1 3 5 7 9 11 15 17 19

样例 2 输入：

请输入正整数：

10

样例 2 输出：

删除后的结果为：

未找到待删除数字

7. 多类型数据排序

输入 N 位同学的学号(格式如:PB22001000)和成绩(0～100),编写函数对 5 位同学进行排序,排序的关键字由用户选择。

题目描述:每个待排序元素有两个数据,由用户输入选择哪一项作为排序关键字。

输入:5 位同学的学号和成绩,待排序的关键字

输出:根据关键字排序后的结果

样例 1 输入：

请输入 5 位同学的学号和成绩：

PB22001112 98
PB22001139 77
PB22001101 87
PB22001121 92
PB22001107 95
请输入排序依据(按学号输入1,按成绩输入2):1

样例1输出:
排序结果为:
PB22001101 87
PB22001107 95
PB22001112 98
PB22001121 92
PB22001139 77

样例2输入:
请输入5位同学的学号和成绩:
PB22001112 98
PB22001139 77
PB22001101 87
PB22001121 92
PB22001107 95
请输入排序依据(按学号输入1,按成绩输入2):2

样例2输出:
排序结果为:
PB22001139 77
PB22001101 87
PB22001121 92
PB22001107 95
PB22001112 98

【拓展】 加入对输入数据合法性的判断,如有不合法数据(比如成绩输入负数),则重新输入。

8. 自定义数据排序

随机生成一个长度为 N(N 不小于10)的正整数序列(无序序列,数据范围为0～1000),编写函数将其中的奇数按升序排序并输出排序后的奇数序列。

编程要求:生成正整数系列、奇数筛选、排序、输出分别用函数实现。

9. 学生总评排序

班级根据综合测评方法对全体同学进行总评,总评原则如下:课程成绩取本学年的所有课程的总加权平均分、任职分最高分为2分、素质类竞赛获奖最高加分为2分、科研类竞赛获奖最高加分为5分。结果按总分从高到低排序,如果总分相同,则取加权平均分从高到低排序。

编程要求:通过键盘输入若干学生 4 类得分,根据上述评分规则进行排序,输出排序后的结果。其中,输入数据、排序、输出数据分别用函数实现。

【拓展】 数据输入通过文件读取。

10. 图书信息管理

有如下结构类型与数组,编写函数,按出版时间对结构数组进行排序,在 main 函数中调用该函数并输出排序后的图书信息(每行一本书)。

```
01  #include<stdio.h>
02  typedef struct date {
03      int year;
04      int month;
05  }DATE;
06  struct book {
07      int num;   //书号
08      char title[20];   //书名
09      DATE ptime;   //出版时间
10  };
11  #define N 4
12  void sortBook(struct book[ ],int);
13  void main() {
14      struct book lib[4]= {…};   //库存图书结构数组,自行初始化
15      sortBook(lib,N);
16  }
17  //函数定义写在下面
```

3.5 综合练习

1. 四则运算

用模块化程序设计思想实现四则运算综合程序。

编程要求:根据显示的选择菜单选项,调用对应函数完成相关模块功能。

```
****简单四则运算选择菜单****
******************************************
1. 加法运算(+)
2. 减法运算(-)
3. 乘法运算(*)
4. 除法运算(/)
5. 取余运算(%)
6. 表达式运算(#)
0. 退出(按 Q/q 键退出)
******************************************
```

【提示】 菜单要求的前 5 项功能都是基本的算术运算，分别定义对应函数就可以实现其运算功能。第 6 项表达式运算，只考虑简单的包括前 5 项运算的功能。从模块化设计的思想出发，将这些功能函数原型声明放到 func.h 头文件中。处理表达式运算的 cal 函数需要两个操作数和运算符，为方便处理，头文件中定义一个结构体，结构体的成员是两个操作数和一个运算符。

函数的名称要简明且能表达要实现的模块功能特性。

头文件 func.h 参考代码如下：

```
01  /*
02  *头文件:func.h
03  *功能:结构体定义,函数定义
04  */
05  //自定义数据类型
06  typedef int DataType;
07  //自定义结构体类型
08  typedef struct
09  {
10      DataType num1;  //操作数 1
11      DataType num2;  //操作数 2
12      char op;  //运算符
13  }OPPNUM;
14  /*
15  *功能:加法运算
16  *参数:两个 DataType 类型数
17  *返回值:两个 DataType 类型数的和
18  */
19  DataType add(DataType,DataType);
20  
```

```
21  /*
22  *功能:减法运算
23  *参数:两个 DataType 类型数
24  *返回值:两个 DataType 类型数的差
25  */
26  DataType sub(DataType,DataType);
27
28  /*
29  *功能:乘法运算
30  *参数:两个 DataType 类型数
31  *返回值:两个 DataType 类型数的积
32  */
33  DataType mul(DataType,DataType);
34
35  /*
36  *功能:除法运算
37  *参数:两个 DataType 类型数
38  *返回值:两个 DataType 类型数相除的结果
39  */
40  DataType divide(DataType,DataType);
41
42  /*
43  *功能:取余运算
44  *参数:两个整数 num1,num2
45  *返回值:num1 和 num2 的余数
46  */
47  int mod(DataType,DataType);
48
49  /*
50  *功能:结构体成员运算处理
51  *参数:结构体 OPPNUM 变量
52  *返回值:基于结构体成员的运算结果
53  */
54  DataType cal(OPPNUM);
55
56  /*
```

```
57  *功能:打印运算器菜单
58  *参数:无
59  *返回值:无,在函数体内输出
60  */
61  void opmenu(void)
62  {
63      printf("**** 简单四则运算选择菜单**** \n");
64      printf("**************************** \n");
65      printf("1.加法运算(+)\n");
66      printf("2.减法运算(-)\n");
67      printf("3.乘法运算(*)\n");
68      printf("4.除法运算(/)\n");
69      printf("5.取余运算(%%)\n");
70      printf("6.表达式运算(#)\n");
71      printf("0.退出(按 Q/q 键退出)\n");
72      printf("**************************** \n");
73  }
74
75  /*
76  *功能:判断输入的菜单选项是否有效
77  *参数:ch-char 型,菜单项对应的字符
78  *返回值:是字符,返回 1,否则返回 0
79  */
80  int isValidInput(char ch);
81
82  /*
83  *功能:取走缓冲区中无用字符,直到回车
84  *参数:无
85  *返回值:无
86  */
87  void clearCache(void);
```

请自行完成头文件对应的.c 文件,实现对应的函数功能,然后构造主程序完善程序功能并调用自定义的函数实现四则运算。

【拓展】 如果将 divide 函数的名称改为 div,会出现什么问题?(提示:关注 stdlib.h 头文件已定义的函数。)

2. 单词统计

设计状态机函数并编写程序统计输入的字符串中包含的单词个数。

题目描述:编写获取输入状态的函数,在主程序中调用函数并判断状态,从而实现输入字符串包含单词的个数。

输入:从键盘输入字符串系列,以#作为结束符

输出:由连续英文字母构成的单词个数

样例输入:

I love China!

I love USTC! #

样例输出:

输入字符串中包含单词个数:6

【实验说明】 常说的状态机是有限状态机(FSM)。FSM指的是有限个状态(一般是一个状态变量的值),这个机器同时能够从外部接收信号和信息输入,机器在接收到外部输入的信号后会综合考虑当前自己的状态和用户输入的信息,然后机器做出动作:跳转到另一个状态。状态机的关键点:当前状态、外部输入、下一个状态。常用的有两种状态机:Moore型和Mealy型。Moore型状态机的特点是:输出只与当前状态有关(与输入信号无关),相对简单,考虑状态机的下一个状态时只需要考虑它的当前状态就行了。Mealy型状态机的特点是:输出不仅与当前状态有关,而且与输入信号有关。当状态机接收到一个输入信号需要跳转到下一个状态时,状态机综合考虑2个条件(当前状态、输入值)后才决定跳转到哪个状态。

状态机是一种数学模型,简单来说是一张状态转换图,存在的状态只有两种,即0和1,0和1的含义在具体事件中意义不同,比如,门的开和关,可以视开的状态为1,关的状态为0。状态机包括四大概念:状态(0或1)、事件(驱动状态变化的起因)、行为(驱动状态变化的动作行为,在编程中常为函数)、状态转换(从0变为1或从1变为0)。状态机的应用非常广泛,例如在数字领域,可以应用到各个层面上,如硬件设计(电路设计)、编译器设计、FPGA程序设计、软件设计(编程)等实现各种具体业务逻辑。

【提示】 本题可构造两个状态机,即总共有4个状态:00,01,10,11,对应的含义是:00——单词未开始,输入未开始;01——单词未开始,输入开始(会使单词状态转换为1);10——单词未结束,输入结束(会使单词状态转换为0);11——单词未结束,输入未结束。

表3.1列举输入“I love China!”时的状态转换(表中_表示输入空格)。

表3.1

		I	_	l	o	v	e	_	…
键盘输入	0	0→1	1→0	0→1	1	1	1	1→0	…
单词构造	0	0→1	1→0	0→1	1	1	1	1→0	…
单词计数	0	1		2					

根据实验要求,构造如下函数来判断输入字符构造单词的状态。

```
01  int getInput(char c)
```

```
02  {
03      //请补全代码
04      /*判断函数形参 c 是否是英文字母,是就返回 1,否就返回 0,即两种状态中的一种,一次只
    有一种状态返回*/
05      //尝试引入 ctype.h 文件,使用 isalpha 函数
06  }
```

在主函数 main 中可以定义初始单词状态及初始输入状态,即 00,然后从键盘循环输入字符,调用 getInput 函数来获取状态,并根据两种状态的组合及时更新状态。

整个程序代码参考如下,请完成未写出的程序代码。

```
01  #include <stdio.h>
02  int getInput(char c)
03  {
04      //请补全代码
05  }
06  int main()
07  {
08      int words=0,state=0,input=0;  /*words 为统计单词个数,state 为单词状态,input
    为输入状态*/
09      char ch;
10      while((ch=getchar())!='#')
11      {
12          //请补全代码
13      }
14      printf("输入字符串中包含单词个数:%d\n",words);
15      return 0;
16  }
```

【拓展】

(1) 主函数 main 中循环处理的部分能否写成函数呢? 如果可以,请尝试设计函数并实现;

(2) 状态机的应用很多,同学们可以尝试编程模拟自动售货机、信号交通灯等。

3. 几何图形操作

假定平面坐标系有若干个(大于等于 2 个)点,请编写程序实现由若干个点构成的几何图形的平移、旋转、缩放(用坐标值的变化来表征)。

目的:了解结构体变量及结构体数组的使用。

题目描述:用如下结构体表征平面坐标系中点的坐标:

```
01  struct point
02  {
03      float x;  //点的横坐标
04      float y;  //点的纵坐标
05  };
```

定义三个函数 transform、rotation、scale 实现具体功能。

给定函数原型如下：

- void translation(struct point pt[], float tl_x, float tl_y, int num);
- void scale(struct point pt[], float s_x, float s_y, int num);
- void rotation(struct point pt[], float angle, int num);

参数说明： pt 是结构体数组，表示点的坐标；tl_x，tl_y 表示点的横、纵坐标移动的相对位移；s_x，s_y 表示缩放的比例；angle 表示旋转的角度；num 表示点的个数。

输入： 点的个数、各个点的坐标、菜单选择项、对应功能项的相关参数

输出： 各个点变化后的值

样例输入：（第 1 行是点的个数，第 2,3,4 行是点的坐标，第 5 行是菜单序号（如平移），第 6 行表示 x，y 分别平移的相对大小。）

```
3
1 1
2 2
3 3
1
2 3
```

样例输出：

```
3 4
4 5
5 6
```

【提示】 参考下面的程序代码，补全空缺的代码，并编程运行测试。

```
01  /*程序功能：实现平面坐标系中平面图形的坐标变换
02  */
03  #include <stdio.h>
04  #include <math.h>
05  #include <string.h>
06  #define PI 3.141592654
07  struct point
08  {
09      double x;  //点的横坐标
10      double y;  //点的纵坐标
```

```
11  };
12  void translation(struct point pt[],double tl_x,double tl_y,int num)
13  {
14      ____________  //循环处理所有点
15      {
16          ____________;  //横坐标的平移
17          ____________;  //纵坐标的平移
18      }
19  }
20  void scale(struct point pt[],double s_x,double s_y,int num)
21  {
22      for (int i=0;i<num;i++)
23      {
24          ____________;  //水平 x 的缩放
25          ____________;  //垂直 y 的缩放
26      }
27  }
28  void rotation(struct point pt[],double angle,int num)
29  {
30      double a[2][2];
31      struct point temp;
32      angle=angle*PI/180;
33      a[0][0]=cos(angle);
34      a[0][1]=-sin(angle);
35      a[1][0]=sin(angle);
36      a[1][1]=cos(angle);
37      for (int i=0;i<num;i++)
38      {
39          temp.x=pt[i].x;
40          temp.y=pt[i].y;
41          pt[i].x=temp.x*a[0][0]+a[0][1]*temp.y;
42          pt[i].y=temp.x*a[1][0]+a[1][1]*temp.y;
43      }
44  }
45  int main()
46  {
```

```
47      int i=0,num=0;
48      char mode,action[10];
49      double angle,tl_x,tl_y,s_x,s_y;
50      struct point pt[10];
51      do
52      {
53          printf("请输入坐标个数(>=2)");
54          scanf("%d",&num);
55      } while(num<2);
56      for(i=0; i<num;i++)
57      {
58          printf("请输入【第%d个】点的横x、纵y坐标:\n",i+1);
59          scanf("%lf%lf",&pt[i].x,&pt[i].y);
60      }
61      do
62      {
63          getchar();
64          printf("请选择处理方式:平移(t)、缩放(s)、旋转(r):");
65          __________;  //从键盘获取选择项
66      } while(mode !='t' && mode !='s' && mode !='r');
67      switch(mode)
68      {
69          case 't':
70              printf("请输入水平及垂直的平移量:");
71              scanf("%lf%lf",&tl_x,&tl_y);
72              __________;  //调用平移函数
73              strcpy(action,"平移");
74              break;
75          case 's':
76              printf("请输入水平及垂直的缩放比例:");
77              scanf("%lf%lf",&s_x,&s_y);
78              __________;  //调用缩放函数
79              strcpy(action,"旋转");
80              break;
81          case 'r':
82              printf("请输入旋转角度:");
```

```
83              scanf("%lf",&angle);
84              rotation(pt,angle,num);
85              strcpy(action,"旋转");
86              break;
87      }
88      printf("经过【%s】处理后,坐标值如下:\n",action);
89      ___________   //循环打印处理后的坐标值
90      ___________;  //输出坐标值
91      return 0;
92  }
```

【拓展】 请搜索资料了解C语言如何实现bmp图像几何变换(移动、旋转、镜像、转置、缩放)。

4. 日程管理

编程实现日程管理程序。

程序功能描述:

(1) 用户注册功能:编写函数接收用户信息,然后存入用户文件。要求:用户编号不能相同,因此在注册时需要进行用户编号的判断。此判断处理涉及对用户信息文件的读取操作。注册成功,返回用户编号,以便后续的管理日程操作;注册失败,则提示错误信息。(更多拓展:可以设置保存密码数据字段,并可对密码进行加密处理等。)

(2) 用户登录功能:从键盘接收用户编号,并从用户信息文件读取信息进行判断。登录成功返回用户编号;未成功,则提示可进行注册操作。

(3) 日程发布功能:若用户已登录或注册成功,则允许发布日程;否则提示错误。从键盘接收日程数据,并写入日程信息文件。写入成功,则提示发布成功;否则提示发布失败。

(4) 日程修改功能:在用户登录的情况下,接收键盘输入的日程编号,从日程信息文件读取并判断是否存在日程编号的日程,并且此编号的日程属于登录的用户。若存在,则接收键盘输入的日程修改信息,修改日程信息文件中对应日程编号的日程。修改成功,显示日程信息;修改失败,则提示错误。

(5) 日程删除功能:在用户登录的情况下,接收键盘输入的日程编号,从日程信息文件读取并判断是否存在此日程编号的日程,并且此编号的日程属于登录的用户。若存在,则删除;否则提示错误。

(6) 日程查询功能:在用户登录的情况下,接收键盘输入的日程编号(或其他可查询的信息,读者可自行确定)进行查询,查询成功显示日程信息;否则提示错误。用户只能查询自己的日程信息。

(7) 日程排序功能(选做):用户根据日程日期(或其他项,如类别,读者自行确定)进行排序。

(8) 日程打印功能:输出用户查找的或所有的日程信息。

题目要求:

用户信息结构体类型定义如下:

```
01  struct userInfo
02  {
03      unsigned int userId;
04      char userName[20];
05  };
```

日程日期结构体类型定义如下:

```
01  struct scheduleDate
02  {
03      unsigned int year;
04      unsigned int month;
05      unsigned int day;
06  };
```

日程内容结构体类型定义如下:

```
01  struct schedule
02  {
03      unsigned int sid;
04      struct userInfo userinfo;
05      struct scheduleDate sdate;
06      char smemo[200];
07  };
```

请根据题目要求及提供的数据结构(读者可自行定义)等完成完整的日程管理程序。

5. 计算器

运用模块化编程思想编写计算器程序。

编程要求:参考 Kernighan、Ritchie 编著的《C 程序设计语言》第 4 章"函数与程序结构"4.3~4.5 节所介绍的计算器程序要求:编写一个完整的具有加、减、乘、除四则运算功能的计算器程序。程序代码可参考 Kernighan、Ritchie 编著的《C 程序设计语言》第 82 页或贾伯琪编著的《计算机程序设计学习指导与实践》第 204 页范例。

【难点】 栈的实现及出栈、入栈操作。

给出文件内容框架如下:

```
01  #include <stdio.h>
02  #include <stdlib.h>   //atof 函数
03  #include"calc.h"  //自定义头文件
```

```
04  #define MAXOP 100   //操作数或运算符的最大长度
05  int main()
06  {
07      int type;
08      double op2;
09      char s[MAXOP];
10      while((type=getop(s))!=EOF)
11      {
12        switch(type)
13        {
14          case NUMBER:
15            push(atof(s));
16            break;
17          //+ 、- 、* 、/运算符
18          case '\n':
19            printf("\t%.8g\n",pop());
20            break;
21          default:
22            printf("error:unknown command %s\n",s);
23          break;
24        }
25      return 0;
26  }
```

calc.h 头文件内容如下：

```
01  #define NUMBER '0'   //标识找到一个数
02  void push(double);   //把数据压入值栈中
03  double pop(void);   //弹出并返回栈顶的值
04  int getop(char[]);   //获取下一个运算符或数值操作数
05  int getch(void);  //取一个字符
06  void ungetch(int);   //把字符压回到输入中
```

getop.c 文件内容如下：

```
01  #include <stdio.h>
02  #include <ctype.h>
03  #include <calc.h>
04  int getop(char expr[])
```

```
05  {
06      ...
07  }
```

getch.c 文件内容如下:

```
01  # include < stdio.h>
02  # define BUFSIZE 100
03  char buf[BUFSIZE];
04  int bufp= 0;
05  int getch(void)
06  {
07      ...
08  }
09  void ungetch(int ch)
10  {
11      ...
12  }
```

stack.c 文件内容如下:

```
01  # include < stdio.h>
02  # include "calc.h"
03  # define MAXVAL 100
04  double val[MAXVAL];
05  int sp= 0;
06  void push(double f)
07  {
08      ...
09  }
10  double pop(void)
11  {
12      ...
13  }
```

请参考教材及上面给出的程序代码框架完成计算器程序。

6. 学生信息管理

编程实现学生信息管理系统。

编程要求：

(1) 使用数组对学生信息进行描述和管理操作；

(2) 学生信息至少应包括：学号(整型)、姓名(字符串)、性别(字符型F/M)、年龄(整型)、成绩(浮点型)等；

(3) 学生信息文件应使用二进制文件，提高访问和存储效率；

(4) 功能菜单：

0. 退出程序
1. 创建学生信息
2. 对学生信息按学号、成绩两种数据进行升序或降序排序
3. 删除指定学号的学生信息
4. 按学号查找学生信息
5. 修改指定学号的学生信息
6. 打印全部学生信息
7. 统计
   1) 统计学生人数
   2) 统计学生的平均成绩
   3) 统计成绩最高分
   4) 统计不及格人数
8. 将学生信息写入磁盘文件(文件可以在头文件中定义宏常量，也可以在函数调用时输入自定义的文件名)
9. 其他自选功能

头文件参考代码(其他在程序中使用到的函数自行定义)：

```
01  #ifndef STUDENTINFO_H_INCLUDED
02  #define STUDENTINFO_H_INCLUDED
03  #include <stdio.h>
04  #include <stdlib.h>
05  //学生信息存放文件名，可以在主程序中通过输入来设置保存的文件名
06  #define STUDENT_INFO_FILE "stuinfo.txt"
07  //学生信息结构体类型
08  typedef struct student
09  {
10      unsigned long stuNo;
11      char stuName[20];
12      char stuGender;
13      unsigned int age;
14      float score;
15  } STU;
16  //函数原型声明
```

```
17  /*
18  *函数功能:功能菜单
19  *参数:无
20  *返回值:无
21  */
22  void menu(void);
23  /*
24  *函数功能:创建学生信息
25  *参数:结构体类型 STU 变量 stu
26  *返回值: 创建成功返回 1,否则返回 0
27  */
28  int createStuInfo(STU stu);
29  /*
30  *函数功能:对学生信息按学号、成绩两种数据进行升序或降序排序
31  *参数:sortFieldId:排序内容标识 1-学号,2-成绩
32  *参数:sortType:排序顺序 0-升序 1-降序
33  *返回值:无
34  */
35  void sortStuInfo(int sortFieldId,int sortType);
36  /*
37  *函数功能:删除指定学号的学生信息
38  *参数:stuno:学生学号
39  *返回值:删除成功返回 1,否则返回 0
40  */
41  int deleteStuInfo(unsigned long stuno);
42  /*
43  *函数功能:按学号查找学生信息
44  *参数:stuno:学生学号
45  *返回值:找到则打印学生信息,未找到则提示"未找到"
46  */
47  void searchStuInfo(unsigned long stuno);
48  /*
49  *函数功能:修改指定学号的学生信息
50  *参数:stuno:学生学号
51  *返回值: 修改成功返回 1,否则返回 0
52  */
```

```
53  int modifyStuInfo(unsigned long stuno);
54  /*
55  *函数功能:打印学生信息
56  *参数:stuno:学生学号,为 0 时打印全部学生信息
57  *返回值:无
58  */
59  void printfStuInfo(unsigned long stuno);
60  /*
61  *函数功能:统计
62  *参数:statisticsType:统计类型 1-统计学生人数,2-统计学生的平均成绩,3-查找最高分,
    4-统计不及格人数
63  *返回值: 返回统计信息,要注意在调用时进行类型转换
64  */
65  double statisticsStuInfo(int statisticsType);
66  /*
67  *函数功能:将学生信息写入磁盘文件
68  *参数:filename:文件名
69  *参数:stu:保存学生信息的结构体数组
70  *返回值: 无
71  */
72  void save2File(char filename[],STU stu[]);
73  # endif   // STUDENTINFO_H_INCLUDED
```

7. 字符串操作

编程实现下列有关字符串操作函数,并在主程序中调用函数测试验证函数功能。

(1) 计算字符串的长度:udf_strlen(char s[]);

(2) 拼接两个字符串:udf_strcat(char s[],char t[]);

(3) 字符串复制:udf_strcpy(char s[],char t[]);

(4) 指定范围的字符串复制:udf_strnpcy(char s[],char t[],int startpos, intendpos);//startpos 小于 0,则从 0 开始,endpos 大于字符串长度,则取字符串长度;

(5) 字符串比较:udf_strcmp(char s[],char t[]);//大于返回 1,等于返回 0,小于返回 -1;

(6) 求子串是否在字串中:udf_strsubstr(char s[],char substr[]);//在返回子串在字符串中的起始位置,否则返回 -1;

(7) 字符串中的字母全部转化为大写:udf_strupr(char s[]);

(8) 字符串中的字母全部转化为小写:udf_strlwr(char s[]);

(9) 将字符串中的字符全部置为指定字符:udf_strmem(char s[])。

8. 客户信息管理

用模块化程序设计思想设计客户信息管理系统。

实现Dos界面的客户信息管理系统,功能包括:客户信息的录入、修改、删除、排序(排序方式自行设定)、查询及显示详细信息。界面中显示操作菜单选项,选择不同的操作实现对应的操作。

客户信息包括:姓名、性别、年龄等。

【提示】 客户信息用结构体类型表示,所有客户信息用结构体数组存储。

【拓展】

(1) 客户信息以文件形式存储,录入、修改、删除、排序等操作先从文件中读取数据,处理后的客户信息重新写入文件中;

(2) 在学习完链表相关知识后,用链表结构完成本题。

9. 数组运算器

用模块化程序设计思想设计数组运算器。

数组在C语言程序设计中是非常重要的数据结构(复合数据类型),针对数组的具体应用也非常广泛。本实验要求同学们根据所学数组的知识用模块化的设计理念完成处理数组的经典功能,构造较为综合、复杂的数组运算器。

目的:理解模块化程序设计思想,熟练掌握函数原型声明、函数定义、排序及查找等算法。

【提示】 本题可以尝试用两种方式来处理:

(1) 所有的内容在一个文件中编写实现;

(2) 运行项目的理念,分别创建头文件、源文件及主程序。

编程要求:实验要求构造的数组运算器包括但不限于以下功能:

下列数组运算器的模块可以以菜单形式显示,程序运行时通过输入菜单选项序号来进行对应的操作。功能模块分“必做”“建议做”“选做”三个层次,同学们可以根据要求完成。

---

0. 退出

1. 配置系统参数(选做)

提示:程序中可以不考虑全局变量,如设置有全局变量,可以通过调用函数来修改全局变量的值。全局变量包括数组元素个数(也可以用宏定义来处理)、数组元素每行显示个数及显示格式等。

2. 显示数组(必做)

提示:如有指定显示格式的全局变量,则按指定格式输出数组元素。

3. 生成样本数据

提示:函数参数的设计要考虑到下面4种不同情况所需要的原始数据。

(1) 用指定范围的随机数填充数组(必做)

提示:引入stdlib.h及time.h头文件,使用随机种子函数srand()及随机数函数rand()产生指定范围的随机数。函数参数中要给定范围下限及上限。

---

(2) 键盘输入(必做)

提示:考察数据的输入,数组元素的赋值。

(3) 整个数组填同一个值(选做)

提示:循环给数组元素赋值。

(4) 用等差序列填充数组(选做)

提示:函数参数中要给定输入序列的起始值和每项的差值。

4. 删除

提示:要注意移动数组中其他元素,形成连续的存储,建议返回删除指定元素后数组中有效元素的个数。

(1) 删除指定下标的元素(必做)

(2) 删除指定值的元素(建议做)

(3) 删除指定下标区间的一组元素(选做)

5. 插入

提示:要注意移动数组中其他元素,形成连续的存储,建议返回插入指定元素后数组中有效元素的个数。同时要注意插入新元素后,判断是否越界的问题。

(1) 按指定下标位置插入新元素(建议做)

(2) 在有序数组中插入新元素(建议做)

6. 统计

提示:用比较的方式求最值,再尝试对比先排除后求最值的效率。求均值时还可以编写求和的函数,求方差和均方差时也可以编写函数求差积项及差积项平方和。

(1) 求最大值(建议做)

(2) 求最小值(建议做)

(3) 求平均值(建议做)

(4) 求方差和均方差(选做)

7. 查找

提示:普通查找是用遍历的方式查找。二分查找则要先保证数组是有序的,因此可以通过判断是否有序及排序操作来做预处理。二分查找是难点,要准确理解二分上下限的边界值确定情况。

(1) 普通查找(必做)

(2) 二分查找(必做)

8. 判断

提示:判断是否有序及是否全等,都可以用遍历的方式来处理。

(1) 是否升序排列(选做)

(2) 是否降序排列(选做)

(3) 是否全部相等(选做)

9. 排列数组元素

提示:排序的三种算法(冒泡、选择及插入)的思路要准确理解,编程实现也要熟练掌握。逆置、左旋、右旋数组的函数原型请参考本题后面给出的参考。

(1) 排序

① 冒泡法(必做)

② 选择法(必做)

③ 插入法(必做)

(2) 逆置数组(选做)

(3) 左旋数组(选做)

(4) 右旋数组(选做)

10. 数组的其他应用

提示:了解约瑟夫环的含义及通用计算公式,理解函数递归的运用。根据数论关于素数的定义,逐一排除 $2\sim n$ 连续整数中能被 2 至 sqrt(n)等整除且整除结果不为 1 的数,剩下的就是素数。

(1) 约瑟夫环(选做)

(2) 筛选法求素数(选做)

第 4 章　系统级编程练习

系统级编程是实现计算思维应用的底层软件基础。C 语言之所以能成为最主流的系统级的编程工具，一个重要的原因就是它拥有指针。使用指针进行系统级编程，能更直接而高效地操作内存对象。更重要的是，可以帮助程序员更好地理解程序运行的底层逻辑。

本章实验内容以指针为基础，从基本的指针操作到综合性的应用，相关知识点涵盖了内存访问的概念、数组与指针的关系、函数的指针型参数传递、函数的指针、文件指针和文件操作，以及利用指针建立动态数据结构——链表。

4.1　指针与数组

4.1.1　知识要点

通过这一小节的练习与实验，读者应该理解并学会应用下列知识点：

(1) 内存地址的概念，指针和指针变量的概念；

(2) 指针变量的声明和使用，取地址运算和间接访问运算；

(3) 数组的地址空间和元素访问过程，数组和指针的关系，指针的算术运算；

(4) 通过指针访问多维数组；

(5) 通过指针处理字符串。

4.1.2　程序填空练习

1. 数组与指针

阅读下列代码，理解数组和指针之间的关系。请替换第 7 行和第 8 行语句，不使用[ ]运算符，且完成同样的功能。

```
01  #include <stdio.h>
02  int main()
```

```
03  {
04    int i,x[6],sum= 0;
05    printf("请输入 6 个整数:");
06    for(i= 0;i< 6;++i) {
07        scanf("%d",&x[i]);
08        sum += x[i];
09    }
10    printf("Sum = %d",sum);
11    return 0;
12  }
```

解析：

第 7 行替换：scanf("%d",x+i);

第 8 行替换：sum += *(x+i);

当用数组名 x 进行算术运算 x+i 时，就是数组的首地址指针 x 加上偏移量 i，得到的是元素 x[i]的指针，即 &x[i]，因此，对该指针进行间接访问即 *(x+i)，和 x[i]形式的计算结果是一样的。

2. 二维字符数组

下面的程序在二维字符数组 s[10][20]中存放了 10 个字符串，请在不修改 s 的前提下，将 10 个字符串按照字母顺序从低到高输出。

阅读下列代码，在空白处填充适当的语句或表达式，完成程序的功能。

```
01  #include <stdio.h>
02  #include <string.h>
03  #define N 10
04  int main(int argc,char * argv[])
05  {
06      char s[N][20];
07      char * p[N];
08      char * t;
09      int i,j,min;
10      printf("输入%d个字符串:",N);
11      for(i=0;i<N;i++)
12      {
13        fgets(s[i],20,stdin);
14        ____________________
15      }
```

```
16      //以下对 p 进行选择排序：
17      for(i=0;i<N-1;i++)
18      {
19        for(min=i,j=i+1;j<=N-1;j++)
20        {
21          if ________________
22            min=j;
23        }
24        if (min !=i)
25        {
26          t=p[min];
27          p[min]=p[i];
28          p[i]=t;
29        }
30      }
31      //按顺序输出 10 个字符串：
32      for(i=0;i<N;i++)
33        ________________________
34      return 0;
35  }
```

解析：

第 14 行：p[i]=s[i];

第 21 行：(strcmp(p[min],p[j])>0)

第 33 行：fputs(p[i],stdout);

题目要求不要修改数组 s，所以定义了指针数组 p，利用 p 中的各个指针指向 s 的每个字符串，然后对 p 进行排序，最后通过 p 按顺序输出全部字符串。

4.1.3　自主编程练习

1. 用指针完成数组元素的交换

输入 10 个整数存放于数组中，请用指针处理：如果最小的数不在最前面，则将它和最前面的元素对换位置；然后如果最大的数不在最后面的位置，则将它和最后面的元素对换位置。从前到后输出这 10 个数。

样例输入：

2 1 3 4 5 6 7 8 10 9

样例输出:

1 2 3 4 5 6 7 8 9 10

2. 用指针完成矩阵的转置

编程序按照样例输入(3×3)矩阵的元素值,存入二维数组,然后进行矩阵转置,即行列互换。请使用指针完成转置过程并输出结果。

样例输入:

1 2 3

4 5 6

7 8 9

样例输出:

1 4 7

2 5 8

3 6 9

3. 单词的逆序输出

输入一句话,其中包含多个单词并以空格分隔,请把这句话改为"倒装句",即单词出现的顺序前后颠倒(注意是单词顺序不是字母顺序,单词之间有空格)。输出该"倒装句"。

样例输入:

How are you

样例输出:

you are How

【选做】 若语句中包含标点符号(",""?"".""!"),请保持标点符号顺序不变输出倒装句。相邻的单词之间若无标点则应有空格。

样例输入:

Hi,Tom! How are you?

样例输出:

you are How,Tom! Hi?

4. 字符串中数字的提取

输入一行字符串,其中有数字字符和非数字字符。请生成一个新的字符串,仅保留连续(长度大于等于2)的数字字符串,以逗号分隔,并将其他非连续数字字符删掉,数字之间的顺序保持不变,输出新字符串,统计有多少个连续的数字字符串。

样例输入:

A2002-6-19 USTC room 3c101.

样例输出:

2002,19,101

5. 用指针实现不同字符的统计

输入一行字符(设字符串长度小于100),分别统计出其中英文字母、空格、数字和其他字符的个数。请使用指针完成查找过程。

样例输入:

This is lesson 2!

样例输出:

英文字母:12

空格:3

数字:1

其他:1

6. 文字加密

输入一行电报文字,然后进行简单“加密”:将每个字母按顺序变成其下一个字母,如“a”变成“b”……“z”变成“a”,“A”变成“B”……“Z”变成“A”,其他各种字符保持不变。请使用指针完成。

样例输入:

a+bZ

样例输出:

b+cA

7. 趣味数列

现有一个数列,该数列的第一项为 1,之后第 $n(n>1)$项是对第 $n-1$ 项的数字描述,例如,第二项为 11,表示前项 1 个 1;第三项为 21 表示前项 2 个 1;第四项为 1211,表示第三项由 1 个 2 和 1 个 1 构成。依次类推。编程序求该数列第 $n(n\leqslant 20)$项。

为了避免数据溢出,不要使用整型表示数列项。请使用字符串表示数列项,并用指针处理。

样例输入:

8

样例输出:

1113213211

8. 寻找长度最长的单词

输入一行文字,找出其中的最长单词并输出。要求用指针实现。(实验要点:字符串、指针。)

说明:

(1) 输入字符串限 200 个字符以内,若超出 200 个则只取前 200 个;

(2) 规定单词的含义为连续的字母(大写或小写)构成的字符串,字母以外的其他符号和空白符号都视为单词之间的分隔符;

(3) 若有多个等长单词均达到最大长度,则只输出最先出现的那一个;

(4) (可选要求)算法的时间复杂度应为 O(n),即用单层循环结构完成,避免程序中出现循环嵌套,例如采用两重循环的基本排序算法。(注:O(n)记号可以理解为算法时间效率的数量级与问题规模 n 呈线性关系。有兴趣的同学可调研算法的时间复杂度概念。)

样例输入：

TED believes passionately that ideas have the power to change attitudes，lives，and ultimately，the world.

样例输出：

passionately

9. 字符串移位

将一个字符串循环右移 n 位。要求用指针实现。(实验要点：字符串、指针。)

说明：

(1) 输入字符串限 50 个字符以内，若超出 50 个则只取前 50 个；

(2) n 是用户输入的一个正整数；

(3) 循环右移一位是指将最后一个字符移到字符串最左边，其余字符均向右移动一个位置，循环右移 n 位是将上述循环右移一位的动作重复 n 次(编程序考虑怎样减少循环次数从而提高程序效率，是否可以不用循环嵌套)；

(4) 编写函数完成循环右移功能，在主函数中输入字符串和整数 n，调用循环右移函数，输出右移之后的字符串。

样例输入：

abcdefghijklmn

10

样例输出：

efghijklmnabcd

10. 指针数组的排序

用指针数组排序并输出国家名称。(实验要点：字符串、指针数组。)

说明：

(1) 设 char countries[10][40]，输入并存储 10 个国家的名称。

(2) 保持 countries 数组内容不变，针对该数组制作两张索引表，索引表用指针数组实现。其中每个指针指向一个字符串(国家名称)，要求将一张索引表按照串长(从小到大)排序，另一张索引表根据 ASCII 码顺序排序。利用两张索引表输出两种排好序的国家名称。

样例输入：

Saint Vincent and the Grenadines

El Salvador

Papua New Guinea

Niue

Iceland

United Arab Emirates

United Kingdom

United States

Slovenia

Solomon Islands

样例输出：

略

4.2 函数中的指针

4.2.1 知识要点

本节练习与实验旨在让读者掌握下列知识要点：

(1) 理解指针类型的参数传递的过程，掌握指针用作函数参数的方法；

(2) 掌握命令行参数的含义与应用；

(3) 理解函数指针的概念及其应用。

4.2.2 程序填空练习

设计程序输入一组统计数据，然后通过一个函数找出其中的中位数。

阅读下面的代码，比较一下第 3 行和第 19 行的函数形参有何不同？对应第 37 行、第 38 行的函数调用，其参数传递的过程是怎样的？

```
01  #include <stdio.h>
02  #define SIZE 10
03  void sort(int arr[],int size)
04  {
05      int i,j,t;
06      for (i=0;i<size;i++)
07      {
08          for (j=i+1;j<size;j++)
09          {
10              if (arr[j]<arr[i])
11              {
12                  t=arr[i];
13                  arr[i]=arr[j];
14                  arr[j]=t;
15              }
16          }
17      }
```

```
18  }
19  float getMedian(int * arr,int size)
20  {
21      if (size %2==0)
22      {
23          return (arr[(size-1)/2]+arr[size/2])/2.0;
24      }
25      else
26      {
27          return arr[size/2];
28      }
29  }
30  int main()
31  {
32      int i;
33      int arr[SIZE];
34      printf("请输入%d个整数:",SIZE);
35      for(i=0;i<SIZE;i++)
36      scanf("%d",&arr[i]);
37      sort(arr,SIZE);
38      getMedian(arr,SIZE));
39      return 0;
40  }
```

解析:第 3 行和第 19 行的函数形参 int arr[] 和 int * arr 是一样的，对于函数的形参来说，声明为数组和声明为指针一样，都只是用来接收实参传递过来的一个地址。在第 37、38 行进行函数调用时，实参 arr 是数组名，参数传递的内容就是数组的起始地址，也可以表达为 &arr[0]。

4.2.3 自主编程练习

1. 调整数组元素的顺序

编写函数实现将一个数组中的元素的顺序修改为相反的顺序，用指针型参数实现。在主函数中输入数组元素个数 n 和 n 个元素，然后调用函数实现将数组元素反序存放，接着在主函数中输出反序后的数组。

样例输入:

5

9 3 17 10 2

样例输出：

2 10 17 3 9

2. 子数组的查找

输入一个整数 n 和长度为 $n(n>3)$ 的整型数组 a，编写函数，将数组中相邻的每 3 个元素作为一个子数组，然后计算每一个子数组的元素和，找到元素和最大的子数组后，输出其第一个元素的下标。

样例输入：

5

2 6 4 -1 8

样例输出：

0

3. 矩阵运算

求二阶矩阵 A 的逆矩阵与转置矩阵的和 S。A 和 S 在主函数中定义。求和过程用函数实现。结果保留两位小数。

输入格式为以空格分隔的四个数，依次代表 $A11, A12, A21, A22$。

样例输入：

3 3 4 5

样例输出：

4.67 3.00 1.67 6.00

4. 求两个向量的内积

说明：有两个向量 a 和 b，$a=[a_1, a_2, \cdots, a_n]$，$b=[b_1, b_2, \cdots, b_n]$，$a$ 和 b 的内积定义为：$a \cdot b = a_1 \cdot b_1 + a_2 \cdot b_2 + \cdots + a_n \cdot b_n$。

编写函数，使用指针实现两个向量的内积的计算。要求函数中不出现下标运算[ ]。

在主函数中，输入维数 n，并分别输入两个向量。调用函数计算内积并返回主函数，在主函数中输出结果。设向量为实数向量，维数不超过 50。

样例输入：

3

1 2 3

4 5 6

样例输出：

32.000000

5. 矩阵元素的查找与交换

将 $n \times n$ 方阵中的前 4 个最小元素放置到四个角。（实验要点：二维数组、指针、函数。）

说明：

(1) 设计一个函数，实现将任意的 $n \times n(n \geqslant 3)$ 方阵的前四个最小元素放置到方阵四个角的位置(顺序为:左上、右上、左下、右下);元素集合不变,四角之外的其余元素位置不作限制。函数原型为“void min4Corner(int * address,int n);”。

(2) 在主函数中输入 n 和 n^2 个整数,调用上述 min4Corner 函数,然后输出处理后的方阵。

样例输入:

3

4 2 3 1 5 7 6 8 9

样例输出:

1 6 2

9 5 7

3 8 4

6. 仿真生命游戏

(实验要点:二维数组、指针、函数。)

说明:

(1) 生命游戏是英国数学家约翰·何顿·康威在 1970 年发明的细胞自动机。(Conway's Game of Life Wikipedia: https://en.wikipedia.org/wiki/Conway%27s_Game_of_Life)。游戏在一个类似于围棋棋盘一样的可以无限延伸的二维方格网中进行。设想每个方格中放置一个生命细胞,生命细胞只有两种状态:“生”或“死”。游戏开始时,每个细胞可以随机地(或给定地)被设定为“生”或“死”的状态,然后,再根据某种生存规则计算下一代每个细胞的状态:

① 一个活的细胞如果其周围的活的邻居细胞少于 2 个,则会死亡(模拟种群过少);

② 一个活的细胞如果其周围有 2 个或者 3 个活的邻居细胞,则会在下一代继续生存;

③ 一个活的细胞如果其周围有 3 个以上活的邻居细胞,则会死亡(模拟种群过密);

④ 一个死的细胞如果其周围刚好有 3 个活的邻居细胞,则转变成活的细胞(模拟再生),否则保持不变。

(2) 编程实现上述游戏,设置网格大小为 40×40,初始化每个网格对应的细胞状态(请自己设置初代细胞的生存概率)。活细胞用“*”表示,死细胞用“-”表示。

(3) 要求设计一个函数实现进化 n 代的过程: void evolution(char * lifeMatrix[40], int n)。

(4) 在 main 函数中输入一个整数 n($n \geqslant 2$)表示进化到第 n 代,调用 evolution 函数,在 main 函数中输出第 n 代的网格状态。

7. 小括号的匹配

判断括号格式正确性。要求用指针实现。(实验要点:字符串、指针、函数。)

说明:

(1) 编写一个自定义函数,判断字符串中的小括号(包括左括号“(”和右括号“)”)是否是合法的格式。合法的格式定义为:左括号和右括号总数相等,且自左向右计数的左括号数量总是大于等于右括号数量。若合法返回 1,否则返回 0。

(2) 在 main 函数中输入含有小括号的字符串,假定串长不超过 100 个字符。调用上述自定义函数判断输入串中的括号格式，若格式正确则在 main 函数中输出 true，否则输出 false。

样例输入：

a((b)(c))

样例输出：

true

样例输入：

)a()()(

样例输出：

false

样例输入：

(x)((y)(z)

样例输出：

false

8. 带参数的命令

执行 C 程序时，系统可以通过命令行传递参数给 main 函数，这些参数被称为命令行参数。请编写带命令行参数的程序实现如下功能，在命令行模式下输入：

程序名 参数选项 字符串 1 字符串 2 ……

运行后能将字符串 1 之后的字符串以指定的连接形式连接到字符串 1 中。

说明：第一个字符串是程序名，第二个字符串以 -l 开头，后接一个有用户指定的字符作为连接符，后面至少有两个字符串，表示要连接的字符串。命令含义是将后面的字符串通过用户指定的连接符连接起来。如果指定连接符是空格则使用 -lb。

样例输入：

> strcat.exe -lb Hello world

样例输出：

> Hello world

样例输入：

> strcat.exe -l_ Hello world !!

样例输出：

> hello_world_!!

样例输入：

> strcat.exe -l+ Hello world !!

样例输出：

> hello+world+!!

9. 带参数的命令求方差

编程实现以命令行方式求一组数据的方差。（实验要点：命令行参数、指针。）

说明：

(1) 用命令行形式执行程序并通过命令行参数输入若干实数，把这些实数的字符串形式转换为 double 类型的数据，并根据参数个数将这些数据存储于动态分配的内存中。

(2) 计算这些数据的方差并输出。

(3) 提示:可使用库函数 pow,atof。原型如下:

```
#include <math.h>
double pow(double x,double y);   //幂函数,返回 x^y
#include <string.h>
double atof(const char * str);   //将字符串 str 转化为浮点数并返回
```

样例输入(假定可执行程序的名称是 fangcha.exe):

fangcha 12 3 5 9

样例输出:

12.187500

10. 求一元函数定积分的通用函数

(实验要点:指向函数的指针。)

说明:

(1) 利用指向函数的指针,实现矩形法求一元函数定积分的通用函数,并在主函数中验证正弦函数、余弦函数、指数函数的定积分。

(2) 可直接调用数学函数库中定义的正弦函数、余弦函数、指数函数等。

4.3 指针用于内存操作

4.3.1 知识要点

本节练习与实验旨在让读者掌握下列知识要点:

(1) 理解动态内存分配的概念,掌握相关库函数调用方法;

(2) 理解链表的逻辑结构,掌握链表相关数据结构的定义与操作方法及其应用;

(3) 掌握流式文件的基本操作和相关库函数,实现文件相关的应用程序。

4.3.2 程序填空练习

阅读下面的示例代码,其中用到了动态内存操作、结构体数组、函数指针、文件操作等。理解注释中的解析,请尝试补全其中空缺的几行代码。填空答案附后。

程序功能描述:现有一批图书管理信息存放在一个文本文件 booksinfodata.txt 中。文件内容的第一行是表示书籍数量的一个整数 n,之后 n 行每一行对应一本书的具体信息,信息格式为:索书号#书名#作者#出版社#出版日期年#月#日。

编程要求与提示:

定义图书结构体类型,包括索书号(字符串)、书名(字符串)、作者(字符串)、出版社(字

符串)、出版日期(结构体类型,包括年、月、日三个整型成员)。完成如下功能:

(1) 实现输入函数 input(),从文件 booksinfodata.txt 中输入全部图书信息。

(2) 实现输出函数 output(),按当前顺序在屏幕上输出每本图书的具体信息。

(3) 调用库函数 qsort()分别实现按出版时间的先后顺序排序、按出版社名称顺序排序。

(4) 实现函数 save()将排序后的图书信息保存到文本文件中。在 main 函数中先后调用 save 函数分别按出版时间和出版社名称顺序保存到文本文件 booksbydate.txt 和 booksbypubname.txt 中。

(5) 在主函数中合理调用上述函数,输入书籍信息、输出排序前的信息、分别按上述两种顺序排序、在屏幕上输出排序后的信息,并保存每一种排序操作后的图书信息到文件。

知识拓展:

(1) 快速排序库函数 qsort:

```
原型:void qsort (void * base,  //指向要排序的数组的第一个元素的指针
                 size_t nitems,  //由 base 指向的数组中元素的个数
                 size_t size,  //数组中每个元素的大小,以字节为单位
                 int (* compar)(const void* , const void* ))  //用来比较两个元素的函数
```

头文件:<stdlib.h>

返回值:无

(2) 字符串分割处理库函数 strtok:

```
原型:char* strtok (char * str,  //待分解字符串
                   const char * delim)  //分隔符
```

头文件:<string.h>

返回值:返回被分解的第一个子字符串,如果没有可检索的字符串,则返回一个空指针。

示例代码如下:

```
01  # include < stdio.h>
02  # include < string.h>
03  # include < stdlib.h>
04  //带参宏定义 caldate 将年月日信息合并计算
05  //方便日期的比较,用于简化程序中表达式的书写
06  # define caldate(st) ((st).pdate.yyyy*10000+(st).pdate.mm*100+(st).pdate.dd )
07  typedef struct DATE  //定义日期的结构体类型
08  {
09      int yyyy;
10      int mm;
11      int dd;
12  } DATE;
13  typedef struct BOOK  //定义书籍信息的结构体类型
14  {
15      char bn[40];
```

```
16        char tittle[80];
17        char author[40];
18        char pub[60];
19        DATE pdate;
20    } BOOK;
21    //输入函数:读入书籍信息文件,根据信息数量分配动态内存
22    //将书籍信息写入并返回堆内存指针,指针形参 n 用于将书籍数量写回
23    BOOK* input(int* n) {
24        char buff[200]={0};
25        const char delimitor[2]="# ";
26        char * token;
27        FILE * fp;
28        BOOK * books;
29        int num;
30        fp=fopen("booksinfodata.txt","r");  //打开书籍信息文件
31        if (fp==NULL)
32        {
33            printf("file open failed.\n");
34            exit(0);
35        }
36        ____________________  //读取文件的第一行到 buff 中,示例文件中为 10
37          num=atoi(buff);  //将字符串转换为整数,即书籍数量
38        if (num<=0)
39          return (NULL);
40          ________  //通过指针将数字写回主调用函数中的变量 booknum
41          ________  //动态分配堆内存用于存放 num 个结构体,可视为结构体数组
42        for (int i=0;i<num;i++)
43        {
44          fgets(buff,200,fp);  //读取下一行
45          //按照分隔符 delimitor('#')取一个字段。注意 strtok 的用法
46            token=strtok(buff,delimitor);
47           //将取到的字段按顺序分别存入结构体的不同成员:
48            for (int j=0;j<7 && token !=NULL;j++)
49            {
50                switch (j)
51                {
```

```
52              case 0:
53                  strcpy(books[i].bn,token);
54                  break;
55              case 1:
56                  strcpy(books[i].tittle,token);
57                  break;
58              case 2:
59                  strcpy(books[i].author,token);
60                  break;
61              case 3:
62                  strcpy(books[i].pub,token);
63                  break;
64              case 4:
65                  books[i].pdate.yyyy=atoi(token);
66                  break;
67              case 5:
68                  books[i].pdate.mm=atoi(token);
69                  break;
70              case 6:
71                  books[i].pdate.dd=atoi(token);
72                  break;
73              }
74              token=strtok(NULL,delimitor);
75          }
76      }
77      return books;  //返回堆内存地址
78  }
79  //输出当前书籍信息:
80  void output(BOOK books[],int n)
81  {
82      for (int i=0;i<n;i++)
83      {
84          printf("索书号:%s\n",books[i].bn);
85          printf("书名:%s\n",books[i].tittle);
86          printf("作者:%s\n",books[i].author);
87          printf("出版社:%s\n",books[i].pub);
```

```
88          printf("出版日期:%d年%d月%d日\n\n",
89                books[i].pdate.yyyy, books[i].pdate.mm,
90                books[i].pdate.dd);
91      }
92  }
93  //将当前书籍信息写入文件
94  void save(BOOK books[],int n,char * filename)
95  {
96      FILE * fp;
97      fp= fopen(filename,"w");
98      if (fp==NULL)
99      {
100         printf("file %s open failed.\n",filename);
101         exit(0);
102     }
103     for (int i=0;i<n;i++)
104     {
105         fprintf(fp,"索书号:%s\n",books[i].bn);
106         fprintf(fp,"书名:%s\n",books[i].tittle);
107         fprintf(fp,"作者:%s\n",books[i].author);
108         fprintf(fp,"出版社:%s\n",books[i].pub);
109         fprintf(fp,"出版日期:%d年%d月%d日\n\n",
110               books[i].pdate.yyyy, books[i].pdate.mm,
111               books[i].pdate.dd);
112     }
113 }
114 //比较两本书的出版日期
115 //供库函数 qsort 使用的比较函数,参数格式是固定的。注意进行类型转换
116 int comp_date(const void * b1,const void * b2)
117 {
118     int date1,date2;
119     date1=caldate(*(BOOK*)b1);
120     date2=caldate(*(BOOK*)b2);
121     return (date1-date2);
122 }
123 //比较两本书的出版社名称
```

```
124  //供库函数 qsort 使用的比较函数,参数格式是固定的。注意进行类型转换
125  int comp_pubname(const void * b1,const void * b2)
126  {
127      return(strcmp(((BOOK * )b1)->pub,((BOOK * )b2)->pub));
128  }
129  int main()
130  {
131      BOOK * books;
132      int booknum;
133     //读入书籍信息存放在 books 所指向的堆内存
134     //书籍数量由函数参数写回,注意指针型参数用法
135      books= input(&booknum);
136     //输出排序之前的书籍信息:
137      output(books,booknum);
138      ________________  //调用快速排序库函数 qsort,按出版日期排序
139  //注意函数指针的用法:自定义函数 comp_date 用于比较两本书的出版日期
140      printf("\n\n- - - - - - - 按出版时间先后顺序- - - - - - - - - - \n");
141      output(books,booknum);  //输出按出版日期排序的书籍信息
142     //保存排序后的书籍信息到文件:
143      save(books,booknum,"booksbydate.txt");
144      __________________  //调用快速排序库函数 qsort 按出版社名排序
145  //注意使用函数指针作参数,comp_pubname 用于比较两本书的出版日期
146      printf("\n\n- - - - - - - 按出版社名称顺序- - - - - - - - - - \n");
147      output(books,booknum);  //输出按出版社名称排序的书籍信息
148     //将排序后的信息写到文件:
149      save(books,booknum,"booksbypubname.txt");
150      return 0;
151  }
```

填空参考答案:

第 36 行:fgets(buff, 200, fp);

第 40 行: *n = num;

第 41 行:books = (BOOK *)malloc(num * sizeof(BOOK));

第 138 行:qsort(books, booknum, sizeof(books[0]), comp_date);

第 144 行:qsort(books, booknum, sizeof(books[0]), comp_pubname);

4.3.3 自主编程练习

1. 取字符串的子串

写一函数,将一个字符串 str 中从第 m 个到第 n 个字符构成的子串复制到一个新的字符串中(在函数内为新字符串动态分配堆存储空间),将新字符串的指针作为函数返回值。如果[m,n]限定的范围超出了字符串 str 的范围,则返回空指针。在主函数中输入一行字符串 str,以及 m,n 的值,调用函数输出新字符串。

样例输入:

abcdefghi

2 5

样例输出:

bcde

2. 链表片段的反转

建立一个单链表,结点值为整数,用一个函数实现对这个单链表的片段进行反转操作。函数参数为链表的头指针 head 和两个整数 m 和 n,其中 $m \leqslant n$,请反转从位置 m 到位置 n 的链表结点,返回反转后的链表并在主函数中输出。

说明:输入格式分三行。

链表长度 l

l 个结点的数据

m n

样例输入:

5

1 2 3 4 5

2 4

样例输出:

1 4 3 2 5

3. 求两个多项式的和

(实验要点:链表。)

说明:

(1) 一个多项式可以表示为二元组序列$\{(a_1, e_1), (a_2, e_2), \cdots, (a_n, e_n)\}$,其中 a_i 表示第 i 项的系数,e_i 表示第 i 项的指数。

(2) 编写函数实现一个多项式的输入,返回多项式链表的头指针。

(3) 编写函数实现两个多项式相乘,返回结果多项式链表的头指针。

(4) 编写函数输出一个多项式的二元组序列。

(5) 在 main 函数中分别调用上述函数,实现输入两个多项式,求出它们的乘积并输出结果。

(6) 输入数据分2行,每行分别先给出多项式非零项的个数,再输入每一对非零项系数和指数(限定绝对值均为不超过1000的整数)。数字间仅以空格分隔。

(7) 为简化处理,限定系数与指数都为整数。

链表结点数据结构可定义为:

```
struct PolyNode{
    int a;  //系数
    int e;  //指数
    PolyNode * next;  //指向下一个结点
};
```

样例输入:

4 3 4 -5 2 6 1 -2 0

3 5 20 -7 4 3 1

样例输出:

5 20 -4 4 -5 2 9 1 -2 0

4. 链表的合并

构造两个链表 a 和 b,链表中的结点成员包括学号、成绩。合并两个链表,要求合并后链表结点按学号升序排列。输出排列之后的链表内容。

说明:输入格式为,第一行是 a,b 两个链表元素的数量 N,M,用空格隔开。接下来 N 行是 a 的结点数据,每个结点一行,每行数据由学号和成绩两部分组成,然后 M 行是 b 的数据。

样例输入:

2 3

5 100

6 89

3 82

4 95

2 10

样例输出:

2 10

3 82

4 95

5 100

6 89

5. 整理输出学生成绩链表

(实验要点:链表、文件。)

说明:

(1) 从文件 students.txt 中读入一组学生的信息,文件中每个学生信息包括学号、姓名、

考试成绩、实验成绩。文件格式如下:

```
71250  李霞    95  82
69753  李友友  88  86
12254  东方亮  87  88
61256  张男    73  85
30258  孙杰    25  88
11260  柯以乐  82  76
33262  谢涛    91  85
29263  叶林    80  75
22483  陈翔    80  76
71525  王子    71  88
……
```

链表结点结构定义为:

```
struct student{
  int stunum;         //学号
  char name[20];      //姓名
  float examscore;    //考试成绩
  float labscore;     //实验成绩
  float totalmark;    //总评成绩
};
```

(2) 计算每个学生的总评成绩(=考试成绩×60%+实验成绩×40%)。

(3) 按总评成绩从高到低的顺序输出全部学生的姓名、学号、成绩。

(4) 统计并输出总评成绩在各分段的分布情况:该分段人数,占全班人数百分比,该分段的平均分,该分段的全部学生姓名和学号。分段包括:[90, 100],[85, 90),[75, 85),[60, 75),[0, 60)。

样例输入输出:

略

6. 缓存管理程序

(实验要点:链表、动态内存分配。)

说明:

(1) 当应用程序需要处理的大量动态数据需要缓存时,会频繁调用动态内存分配函数;此时可以自建一个缓存区并提供一组服务函数,即先分配一个较大的内存区,然后自己分割成特定大小的内存块,提供相应的分配和回收函数给应用程序使用。

(2) 实现函数 initMemPool()初始化缓存池:通过用动态内存分配函数得到一块堆内存,大小为 10240 字节。把它分割成 10 个空闲内存块,如图 4.1 所示,在每一块的起始位置用一个指针记录下一块的地址,将这些空闲内存块构成单链表。最后一块的指针变量位置记录空指针,代表链表尾。

(3) 实现函数 getBlock()分配一个内存块:如果空闲块数大于 0,则从链表头部取一个空闲块,空闲块数量减 1,返回其起始指针。

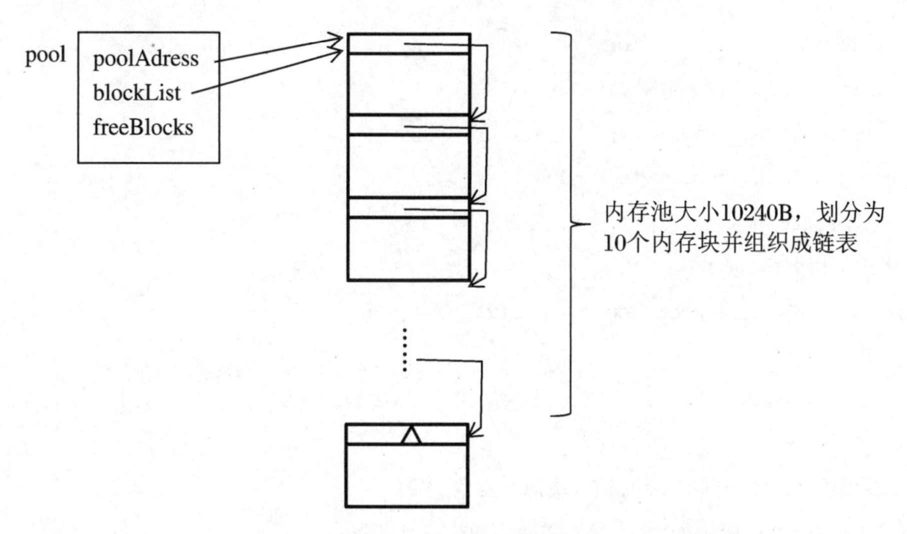

图 4.1　空闲块链表

(4) 实现函数 putBlock()回收一个内存块:将回收的内存块加入空闲块链表的头部,空闲块数量加 1。

(5) 在主函数中调用初始化内存池的函数,然后模拟 3 对内存请求及释放的序列,并输出内存池分配和回收的过程。最后销毁(free)内存池。

下面给出相关数据类型及 main 函数:请补充实现上述(2),(3),(4)对应的函数。

```
01  #include <stdio.h>
02  #include <stdio.h>
03  #include <malloc.h>
04  #include <stdlib.h>
05  //空闲块大小(字节)
06  #define BLOCK_SIZE 32
07  //空闲块数量
08  #define BLOCK_NUM 10
09  //缓存区大小(字节),由 BLOCK_NUM个内存块构成
10  #define POOL_SIZE   (BLOCK_SIZE * BLOCK_NUM)
11  //块指针类型定义
12  typedef unsigned char(* Tblkptr)[BLOCK_SIZE];
13  //缓存区类型定义
14  typedef struct
15  {
16      void * poolAddress;   //缓存区起始指针
17      Tblkptr blockListHead;  //缓存区的空闲块链表头指针
18      int nFreeBlocks;   //空闲块数量
19  } Tpool;
```

```
20  //函数声明:
21  int initMemPool(Tpool *,int);
22  void * getBlock(Tpool *);
23  void putBlock(Tpool *,void *);
24  void printBlockList(Tpool * pool);
25  //初始化缓存区的函数:
26  int initMemPool(Tpool * pool,int size)
27  {
28      //你的代码
29  }
30  //输出缓存区中当前空闲块链表(块地址):
31  void printBlockList(Tpool * pool)
32  {
33      Tblkptr * pblink;
34      int i=0;
35      if (!pool->blockListHead)
36      {
37          printf("null list.\n");
38          exit(0);
39      }
40      pblink=(Tblkptr *)pool->blockListHead;
41      while (pblink)
42      {
43          printf("block# % 2d,address:0X%p\n",i++,pblink);
44          printf("\tnext->\t%p\n",(void *)(* pblink));
45          pblink =(Tblkptr *)(* pblink);
46      }
47      printf("-----\n\n");
48  }
49  //分配一个空闲块,返回块指针:
50  void * getBlock(Tpool * pool)
51  {
52      //你的代码
53  }
54  //回收一个内存块到缓存区:
55  void putBlock(Tpool * pool,void * p)
56  {
```

```
57         //你的代码
58     }
59     int main()
60     {
61         Tpool memPool;
62         void * p1,* p2,* p3;
63         int status;
64         status=initMemPool(&memPool,POOL_SIZE);
65         if (status)
66             printBlockList(&memPool);
67         else
68         {
69             printf("memory allocation failed.\n");
70             exit(0);
71         }
72     //使用分配函数的方式举例:
73         p1=getBlock(&memPool);  //请求 1
74         printf("请求一个内存块 1。\n");
75         printBlockList(&memPool);
76         p2=getBlock(&memPool);  //请求 2
77         printf("请求一个内存块 2。\n");
78         printBlockList(&memPool);
79         p3=getBlock(&memPool);  //请求 3
80         printf("请求一个内存块 3。\n");
81         printBlockList(&memPool);
82         putBlock(&memPool,p2);  //回收 2
83         printf("回收内存块 2。\n");
84         printBlockList(&memPool);
85         putBlock(&memPool,p3);  //回收 3
86         printf("回收内存块 3。\n");
87         printBlockList(&memPool);
88         putBlock(&memPool,p1);  //回收 1
89         printf("回收内存块 1。\n");
90         printBlockList(&memPool);
91         free((void * )(memPool.poolAddress));
92         return 0;
93     }
```

7. 比较两个文本文件是否相同

（实验要点：文件、命令行参数。）

说明：

（1）程序命令行形式（假定生成的可执行程序名为 myfilecomp.exe）：myfilecomp a.txt b.txt。

（2）从头到尾逐个字符比较两个文件 a.txt 和 b.txt，如果发现不同，则报告出现第一个不同字符在文件中的字节位置。若相同则输出“相同”。

8. 统计出现次数最多的单词

统计一个英文的文本文件中出现次数最多的前十个单词。（实验要点：文件、字符串、指针。）

说明：

（1）规定单词的含义为连续的字母（大写或小写）构成的字符串，字母以外的其他符号和空白符号都视为单词之间的分隔符。

（2）输出出现次数最多的前十个单词及其出现次数。仅大小写不同的单词视为同一单词。

9. 用函数指针实现生成三角函数表（sin，cos，tan），并存入文件以便查阅

说明：cos 函数、sin 函数和 tan 函数都已经在<math.h>中定义。编写一个函数“void table(double (*f)(double), double first, double last, double incr);”，四个参数分别为三角函数指针、自变量起始值、自变量终止值、增量。在主函数中调用该函数，并将求出的三角函数表以整洁的格式存入一个文本文件。

10. 发音练习

请编程序演奏乐谱。（实验要点：文件。）（本题限于 Windows 环境。）

说明：

（1）“乐谱”文件是一个文本文件，格式如下：每一行给出的是两个数据，分别表示一个音符的频率（Hz）和播放的时长（ms）。

（2）播放一个音符可使用 Beep()函数。这是个 WindowsAPI 函数，原型为：

```
# include < windows.h>
BOOL Beep(DWORD dwFreq, DWORD dwDuration);
```

这里 DWORD 类型即 unsigned int，参数 dwFreq 是频率值，取值范围是 37～32767（0x25～0x7FFF）。参数 dwDuration 为播放时长，单位为 ms。例如，“Beep(392,375);”。

参考文档：https://docs.microsoft.com/en-us/windows/win32/api/utilapiset/nf-utilapiset-beep。

样例输入：

一个“乐谱”文件内容：

392 375

392 125

440 500

392 500
523 500
494 1000
392 375
392 125
440 500
392 500
587 500
523 1000
392 375
392 125
784 500
659 500
523 500
494 500
440 1000
689 375
689 125
659 500
523 500
587 500
523 1000

样例输出:

演奏乐谱(略)

● Tips.

如果你想自己编写乐谱,可以参考下面的声音频率表。☺

C	261.6
C♯	277.2
D	293.7
D♯	311.1
E	329.6
F	349.2
F♯	370.0
G	392.0
G♯	415.3
A	440.0
A♯	466.2
B	493.9
C	523.2

4.4 综合练习

本节要求学生能综合利用课程知识,通过调研自主学习与项目开发有关的技术、工具、算法等,明确功能需求并设计完成软件项目。鼓励学生进一步拓展项目的内容,设计具有创新特色的程序。通过综合实践巩固和提高系统级编程技术。

1. 字符串运算器

说明:

(1) 完成主函数及下列各功能函数,菜单及输入界面自定;

(2) 不得使用字符串类库函数;

(3) 使用指针完成对字符串的操作;

(4) 采用二维字符数组存放若干个样本字符串和操作结果,用户输入操作数和操作结果字符串的行下标,调用函数进行运算处理;

(5) 二维数组的行要足够长,避免操作数和操作结果字符串越界。

功能菜单及函数原型样例:

0 退出程序

1 输入字符串

```
void StrGet(char * s);
```

2 显示字符串

```
void StrPut(char * s);
```

3 求字符串长度:不包括字符串结束标志

```
int StrLen(char * s);
```

4 字符串连接:将 t 连接到 s 后面,结果保存在 s 中

```
void StrCat(char * s, char * t);
```

5 字符串比较

```
int StrCmp(char * s, char * t);
```

6 字符串复制:将 t 复制到 s 中

```
void StrCpy(char * s, char * t);
```

7 字符串插入:将 t 插入 s 的下标 pos 之前

```
void StrIns(char * s, int pos, char * t);
```

8 求子串:将 s 中从下标 pos 开始的 n 个字符组成字符串保存在 t 中

```
void StrSub(char * s, int pos, int n, char * t);
```

9 子串查找:求 t 在 s 中第一次出现的位置下标,不存在则返回 -1

```
int StrStr(char * s, char * t);
```

10 子串置换:将 s 中出现的 v 用 t 置换,v 和 t 可能不等长

```
int StrReplace(char * s, char * v, char * t);
```

11　自定义功能(选做,若有多项功能,可按照顺序自行安排菜单编号)

2. 学生信息管理系统

说明:

(1) 使用单链表对学生信息进行描述和管理操作;

(2) 学生信息至少应包括:学号(整型)、姓名(字符串)、性别(字符型)、年龄(整型)、成绩(浮点型)等;

(3) 保存学生信息的文件应使用二进制文件,提高访问和存储效率。

功能菜单样例:

0　退出程序

1　创建学生记录链表

　(1) 头插法

　(2) 尾插法

　(3) 创建按学号有序链表

　(4) 打开学生信息文件创建链表

2　打印全部学生记录

3　插入一条新的学生记录

　(1) 按指定位序插入

　(2) 在有序链表中插入

4　按条件删除一条学生记录

　(1) 删除指定位置的记录

　(2) 删除指定学号的记录

5　按学号查找学生记录

6　统计

　(1) 统计学生人数

　(2) 统计学生的平均成绩和最高分

　(3) 统计不及格人数

7　销毁学生链表

8　将学生信息写入磁盘文件

　(1) 重写学生文件

　(2) 追加学生文件

　(3) 清空学生文件

9　其他自选功能

3. 航班售票系统

设计一个简易的航班售票系统,要求完成以下功能:

(1) 假设某民航有若干航班,要求实现增加航班和取消某个航班的功能。

(2) 查询:根据客户提出的终到站查询航班号、售票情况等航班信息;也可根据航班号,列出该航班已订票的乘客名单。

(3) 订票:根据航班号为客户订票,如该航班有余票,则为客户订票;如该航班已满员,则显示相应信息。

（4）退票：按客户要求退掉已预定的机票。

【提示】 数据结构：可以使用链表表示航线表，每个航班应包括航班号、到达港、总座位数、余票额、乘客名单等信息，其中乘客名单应为一个单链表，每个乘客的信息有：乘客姓名、证件号码、座位号等，为方便查找，可考虑按乘客姓名排序。相应数据类型示范如下：

```
struct cnode{ char name[20];  //乘客姓名
    char idcard[30];  //证件号码
    int seatno;  //座位号
    struct cnode * clink;  //下一乘客指针
  };
struct pnode{ int no;  //航班号
   char destin[30];  //终到站
   int limit,rest;  //总座位数、余票额
   struct cnode * clist;  //乘客名单
   struct pnode * plink;  //下一航班指针
};
```

4. 银行账户管理

要求建立二进制文件存储银行账户信息，其中每个用户账户信息中要求保存账号、用户身份证号码、用户姓名、用户地址、账户金额等，完成以下功能：

（1）录入新账户；

（2）查询账户情况，根据输入的账号查询用户情况和账户金额；

（3）修改账户信息，要求用户输入账号，根据用户需要修改除了账号之外的其余信息；

（4）删除账户信息，根据输入的账号找到要删除的账号信息以后，经确认后删除该账号信息。

【提示】 程序中定义用户账户结构体：

```
struct account{
                char     accountid[10];
                char     customerid[30];
                char     name[20];
                char     address[30];
                float    balance;           };
```

其中存储用户账户信息的二进制文件中每个数据类型应为 struct account，在操作之前可以考虑先将文件中的用户账户信息读出并建立成一个链表，然后进行查询、删除等操作，可节省读写文件的时间；当录入新账户信息、修改账户信息之后，同时更新相应文件的内容。

5. 长整数运算

C 中的 long int 所能表示的数据范围有限，现要求编程完成超过 long int 所能表示的数据范围以上的十进制正的长整数的加法和乘法运算。

【提示】 两个参与运算的长整数可用 char a[256]，b[256]表示，整个程序中要求完成以下几个函数的编写：

(1)“int readlongint(char *x);”:此函数用于读入一个正的长整数到x中,函数返回长整数的实际长度;要求输入时检查所读入的字符串是否是合法的长整数,如不提示用户直到输入合法的长整数为止。

(2)“char *addition(char *x,char *y);”:此函数用于实现用字符串表示的长整数的加法运算,其计算结果保存在一个动态申请的字符数组空间(其长度为参与加法运算的两个长整数中较长的一个的长度加1)中,函数返回该数组的指针。

(3)“char *multiplacation(char *x,char *y);”:此函数用于实现用字符串表示的两个长整数的乘法运算,可考虑先将乘数的从个位到最高位的每一位与被乘数相乘(这一步可利用addition函数实现),再进行向左偏移后相加完成。

注意:此程序设计最关键的问题是对字符数组的下标定位和动态申请恰当的内存空间以保存计算结果,在乘法运算中回收不再使用的内存空间。

6. 计算器

编程实现计算器程序,完成实数的加、减、乘、除运算。注意运算符优先级别。表达式要求采用中缀形式,例如,2.3+7.2*7。

【提示】 表达式处理可参考“逆波兰表达式”范例。

按End键退出算术计算器程序。

检测是否有键按下,需要调用kbhit()库函数。kbhit的函数原型: int kbhit(void); kbhit函数功能:检测是否有键按下,如果有,则返回非0值(即真),否则返回0(即假)。调用kbhit()函数的源程序必须包含conio.h文件。

具有延时功能的函数是delay(unsigned milliseconds)。包含在dos.h头文件中。Delay函数的功能:将程序挂起milliseconds(毫秒),即程序暂停或延时milliseconds(毫秒)。

当kbhit函数返回非0值时,还要检测是否是End键。这需要调用bioskey库函数。但参数必须是1,不能是0。因为bioskey(1)虽然返回用户所按键值,但没有接受键盘输入,不会影响其他函数(如scanf函数)接受有效输入。

End的键值定义为:#define END 0X4F00

bioskey(1)判断是否是End键的用法:

```
if (bioskey(1)= = END)
{
相关操作
}
```

7. 发扑克牌

一副扑克牌52张共4种花色,用户可选择“1——发牌”将这52张牌随机分成4份;或选择“0——退出”退出程序。

【提示】 用一个具有52个元素的数组(如char p[52][5])存放这52张牌的内容,如P_i表示黑桃、H_i表示红桃、C_i表示梅花、D_i表示方块(i为整数);程序中可以首先初始化该数组,然后显示菜单等待用户选择输入,用户选择“发牌”,程序调用“发牌”函数;在发牌函数中,可使用TC中的产生随机数的函数(参看rand(),srand(),random()等函数的使用说明),一个随机数m,选取一张牌{p[m]},将其与最前面的牌交换位置,即将选取的牌放在最前面;然后对数组 p 余下的牌重复选取操作,直到所有牌均重排列;最后按 13 行×4 列输出发牌结果。

8. 时钟模拟

图形化界面,屏幕上显示圆形的模拟时钟表盘,显示 12 个刻度。时钟上有秒针、分针和时针指示,随着时间推移,秒针、分针和时针在表盘上移动。

【提示】 在 dos.h 头文件中定义有如下结构类型:

```
struct time {
  unsigned char ti_min;   //Minutes
  unsigned char ti_hour;  //Hours
  unsigned char ti_hund;  //Hundredths of seconds
  unsigned char ti_sec;   //Seconds
};
```

可直接利用该类型表示时间类型。

在 dos.h 头文件中定义库函数 gettime(struct time *),该函数返回系统时钟。此程序可通过读取系统时钟调整秒针、分针和时针位置。

9. 俄罗斯方块游戏

用 C 语言实现常见的游戏——俄罗斯方块。应包含初始化新游戏、累积方块、消除方块、方块移动与变形、计分和调速等功能,方块界面和容器都可以自行设计。

【提示】 可用以下数据结构记录一个点和一个方块形状:

```
typedef struct{
  int x,y;
  }Point;
typedef struct{
  Point a;
  Point b;
  Point c;
  Point d;
  int FkColor;
  }FkType;  //方块类型
```

然后用一个 $m \times n$ 的长方形区域作为容器。通过 C 的图形函数库画出界面。采用延时函数使方块自动下降,并采取相应算法实现方块叠加、消除整行、计分的功能。

10. 模拟指法练习程序(统计正确率及输入速度)

模拟指法测试程序:完成输入 N 行文字后,统计输入的正确率和输入速度。

要求:

程序运行后,屏幕首先输出提示信息,提示进入测试系统。

先从键盘输入原文,自己定义原文最大长度;原文输入完成后,给出提示信息开始测试。

依照原文从键盘输入,程序中统计输入的正确率和输入速度。

输入完成后,屏幕显示最后统计结果。

附录　趣 味 程 序

本部分提供万年历、贪吃蛇、五子棋三个趣味程序,供学有余力的同学自行练习。

1. 万年历

用 C 语言实现一个万年历,以全屏排列的形式显示用户指定的任何年份的日历表。源码在 Dev-C++、CodeBlocks 以及 Visual Studio 环境测试通过。

输入:无。通过命令行参数指定年份,无参数则视为 2021

输出:该年 12 个月的日历表

【样例】(设可执行文件名为 calendar.exe)

执行:calendar.exe 1900

输出如下:

```
                                   Calendar - 1900

--------      January      ---------    --------      February     ---------    --------       March       ---------
Sun  Mon  Tue  Wed  Thu  Fri  Sat       Sun  Mon  Tue  Wed  Thu  Fri  Sat       Sun  Mon  Tue  Wed  Thu  Fri  Sat
       1    2    3    4    5    6                            1    2    3                            1    2    3
  7    8    9   10   11   12   13         4    5    6    7    8    9   10         4    5    6    7    8    9   10
 14   15   16   17   18   19   20        11   12   13   14   15   16   17        11   12   13   14   15   16   17
 21   22   23   24   25   26   27        18   19   20   21   22   23   24        18   19   20   21   22   23   24
 28   29   30   31                       25   26   27   28                       25   26   27   28   29   30   31

--------       April       ---------    --------        May        ---------    --------       June        ---------
Sun  Mon  Tue  Wed  Thu  Fri  Sat       Sun  Mon  Tue  Wed  Thu  Fri  Sat       Sun  Mon  Tue  Wed  Thu  Fri  Sat
  1    2    3    4    5    6    7                  1    2    3    4    5                                 1    2
  8    9   10   11   12   13   14         6    7    8    9   10   11   12         3    4    5    6    7    8    9
 15   16   17   18   19   20   21        13   14   15   16   17   18   19        10   11   12   13   14   15   16
 22   23   24   25   26   27   28        20   21   22   23   24   25   26        17   18   19   20   21   22   23
 29   30                                 27   28   29   30   31                  24   25   26   27   28   29   30

--------       July        ---------    --------      August       ---------    --------     September     ---------
Sun  Mon  Tue  Wed  Thu  Fri  Sat       Sun  Mon  Tue  Wed  Thu  Fri  Sat       Sun  Mon  Tue  Wed  Thu  Fri  Sat
  1    2    3    4    5    6    7                       1    2    3    4                                      1
  8    9   10   11   12   13   14         5    6    7    8    9   10   11         2    3    4    5    6    7    8
 15   16   17   18   19   20   21        12   13   14   15   16   17   18         9   10   11   12   13   14   15
 22   23   24   25   26   27   28        19   20   21   22   23   24   25        16   17   18   19   20   21   22
 29   30   31                            26   27   28   29   30   31             23   24   25   26   27   28   29
                                                                                 30

--------      October      ---------    --------      November     ---------    --------      December     ---------
Sun  Mon  Tue  Wed  Thu  Fri  Sat       Sun  Mon  Tue  Wed  Thu  Fri  Sat       Sun  Mon  Tue  Wed  Thu  Fri  Sat
       1    2    3    4    5    6                            1    2    3                                      1
  7    8    9   10   11   12   13         4    5    6    7    8    9   10         2    3    4    5    6    7    8
 14   15   16   17   18   19   20        11   12   13   14   15   16   17         9   10   11   12   13   14   15
 21   22   23   24   25   26   27        18   19   20   21   22   23   24        16   17   18   19   20   21   22
 28   29   30   31                       25   26   27   28   29   30             23   24   25   26   27   28   29
                                                                                 30   31
```

示例代码:

```
001: # include < stdio.h>
002: # include < Windows.h>
003: # define LEN 40
004: # define HEIGHT 9
005: typedef struct PrintMonPos
006: {
007:     int x;
008:     int y;
009: } MPos;
010: char * monthName[12] ={
011:     "January", "February", "March", "April",
012:     "May", "June", "July", "August",
013:     "September", "October", "November", "December"};
014: int weekDayN(int day, int month, int year)  //返回某日是星期几
015: {
016:     static int t[] ={0, 3, 2, 5, 0, 3, 5, 1, 4, 6, 2, 4};
017:     year -=month <3;
018:     return(year +year / 4 -year / 100 +year / 400 +t[month - 1] +day) %7;
019: }
020: int monthLength(int monthNumber, int year)  //返回某月有几天
021: {
022:     switch(monthNumber)
023:     {
024:     case 0:
025:     case 2:
026:     case 4:
027:     case 6:
028:     case 7:
029:     case 9:
030:     case 11:
031:         return(31);
032:     case 1:
033:         if(year % 400 = = 0||(year% 4= = 0 && year% 100! = 0))
034:             return(29);
035:         else
036:             return(28);
037:     default:
038:         return(30);
039:     }
040: }
041: MPos GetmPos(int month)  //某月的打印位置起始点
```

```
042: {
043:     MPos mp;
044:     mp.x=month %3 * LEN;
045:     mp.y=5 + month / 3 * HEIGHT;
046:     return mp;
047: }
048:
049: void SetPos(int x, int y)  //设置光标位置
050: {
051:     COORD pos={x, y};
052:     HANDLE output=GetStdHandle(STD_OUTPUT_HANDLE);  //获得标准输出的句柄
053:     SetConsoleCursorPosition(output, pos);  //设置控制台光标位置
054: }
055: void printCalendar(int year)  //打印一年的日历
056: {
057:     int days;
058:     int current;
059:     MPos mpos;
060:     int spaces;
061:     int m;
062:     printf("\n\n%50sCalendar-%d     ", " ", year);
063:     current=weekDayN(1, 1, year);  //这年元旦是星期几(0..6)
064:     for(m=0; m<12; m++)  //12个月(0..11)
065:     {
066:         days=monthLength(m, year);
067:         mpos=GetmPos(m);
068:         SetPos(mpos.x, mpos.y);
069:         printf("--------     %-10s  ---------",
070:                 monthName[m]);  //打印当前月份名称
071:         SetPos(mpos.x, ++mpos.y);  //当前月的下一行
072:         printf(" Sun  Mon  Tue  Wed  Thu  Fri  Sat");
073:         SetPos(mpos.x, ++mpos.y);  //当前月的下一行
074:         for(spaces=0; spaces<current; spaces++)
075:             printf("     ");  //按星期几打印前面的空格
076:         for(int d=1; d<=days; d++)  //当月的每一天
077:         {
078:             printf("%5d", d);
079:             if(++spaces>6)
080:             {
081:                 spaces=0;
082:                 SetPos(mpos.x, ++mpos.y);  //当前月的下一行
083:             }
084:         }
```

```
085:         current=spaces;  //下月初是星期几
086:     }
087:     return;
088: }
089: int main(int argc, char const * argv[])
090: {
091:     int year=2021;
092:     if (argc>1)
093:         year=atoi(argv[1]);  //命令行参数的年份
094:     system("cls");
095:     printCalendar(year);
096:     return 0;
097: }
```

2. 贪吃蛇

这是一个 Windows 控制台程序,使用了 Windows 控制台 API 函数来显示屏幕状态。源码来自网络资源,在 Dev-C++、CodeBlocks 环境下测试通过。

示例代码:

```
001: # include < stdio.h>    //标准输入输出函数库
002: # include < stdlib.h>    //包含 system 函数
003: # include < windows.h>    //包含 Sleep 函数,来控制速度
004: # include < time.h>   //设置食物时随机生成坐标用到 time 做种子
005: # define DOWN_WALL 20   //下边框(下面的墙)使用宏定义是方便以后调整大小
006: # define RIGHT_WALL 58   //右边框(右面的墙)
007: typedef struct s_snake   //用来存储每一段蛇身的坐标位置
008: {
009:     int x;  //x 坐标
010:     int y;  //y 坐标
011:     struct s_snake * next;  //下一段蛇身
012: } Snake;  //自定义类型,方便使用
013: //函数声明
014: void SetPos(int x, int y);  //移动光标函数
015: int IsHitWall();  //判断撞墙函数
016: int IsBiteYouself();  //判断咬到自己的函数
017: int Move();  //移动函数,方向控制
018: Snake * head, * end;  //蛇头、蛇尾
019: Snake * p;  //辅助指针
020: int speed = 310;  //休眠时间,用来控制移动速度
021: int level = 0, score = 0;  //分数
022: int foodx, foody;  //食物的(x,y)坐标
023: char key;  //方向,暂停/继续控制状态
```

```
024: void Welcome();  //欢迎界面
025: void DrawFrame();  //画边框函数
026: void InitSnake();  //初始化蛇函数
027: void CreateFood();  //创建食物函数
028: void PlayGame();  //游戏移动循环函数
029: void free_snake(Snake * head);  //释放资源
030: int main(void)  //仅 7 行,还可以更短
031: {
032:   Welcome();  //欢迎界面
033:   DrawFrame();  //画边框
034:   InitSnake();  //初始化蛇身
035:   CreateFood();  //创建食物
036:   PlayGame();  //按方向键控制蛇身进行游戏
037:   free_snake(head);
038:   return 0;
039: }
040: void SetPos(int x, int y)  //设置光标位置(就是输出显示的开始位置)
041: {
042:   /* COORD 是 Windows API 中定义的一种结构体
043:   * typedef struct _COORD
044:   * {
045:   *      SHORT X;
046:   *      SHORT Y;
047:   * }      COORD;
048:   * /
049:   COORD pos = {x, y};
050:   HANDLE output = GetStdHandle(STD_OUTPUT_HANDLE);  //获得标准输出的句柄
051:   SetConsoleCursorPosition(output, pos);  //设置控制台光标位置
052: }
053: int IsHitWall()  //判断是否撞墙
054: {
055:   if (head->x==0 || head->x ==RIGHT_WALL || head->y ==0 || head->y ==DOWN_WALL)
056:   {  /*因为蛇头最先动,并且蛇身后一段下一步会在前一段,所以只要蛇头不撞墙,那么整个蛇身
就不会撞墙*/
057:       SetPos(DOWN_WALL, 14);
058:       printf("游戏结束! 撞到墙了\n");
059:       SetPos(DOWN_WALL, 15);  //令"按任意键继续..."居中显示
060:       return 1;
061:   }
062:   return 0;
063: }
064: int IsBiteYouself()  //判断是否咬到自己
065: {
```

```
066:  while (p->next !=NULL)
067:  {
068:    p=p->next;
069:    if (head->x ==p->x && head->y ==p->y)  //判断蛇头是否与其他蛇身重合
070:    {
071:      SetPos(DOWN_WALL, 14);
072:      printf("游戏结束! 你咬到自己了\n");
073:      SetPos(DOWN_WALL, 15);  //令"请按任意键继续"居中显示
074:      return 1;
075:    }
076:  }
077:  return 0;
078: }
079:
080: void DrawFrame()  //画边框
081: {
082:    int i=0;
083:    for (i=0; i<60; i+=2)  //打印上下边框,注意 i,一段蛇身占用 x 2个单位, y 1个单位
084:    {
085:      SetPos(i, 0);  //上边框
086:      printf("■");
087:      SetPos(i, DOWN_WALL);  //下边框
088:      printf("■");
089:    }
090:    for (i=1; i<DOWN_WALL; i++)  //打印左右边框
091:    {
092:      SetPos(0, i);  //左边框
093:      printf("■");
094:      SetPos(RIGHT_WALL, i);  //右边框
095:      printf("■");
096:    }
097: }
098: void InitSnake()  //初始化蛇身,头插法,初始化从(20,15)开始的四段蛇身(横向排列)
099: {
100:    int i=0;
101:    //创建一个蛇身位置,蛇尾
102:    end=(Snake *)malloc(sizeof(Snake));
103:    end->x=20;
104:    end->y=15;
105:    end->next=NULL;
106:    //创建三个蛇身位置
107:    for (i=1; i<=3; i++)
```

```
108:    {
109:      head=(Snake *)malloc(sizeof(Snake));
110:      head->x=20+2 * i;  //每个蛇身 x 相差 2 个单位
111:      head->y=15;
112:      head->next=end;  //头插法
113:      end=head;
114:    }
115:    //从蛇头开始画贪吃蛇
116:    while (end->next !=NULL)
117:    {
118:      SetPos(end->x, end->y);
119:      printf("■");
120:      end =end->next;
121:    }
122: }
123: void CreateFood()  //设置食物
124: {
125:    srand(time(0));  //设置随机数种子
126: flag:
127:    while (1)  //由于 food 的 x 坐标必须为偶数,所以设置循环判断是否为偶数
128:    {
129:      //rand()%num 产生 0~num-1
130:      //rand 产生范围数公式 rand()%(m+1-n)+n;有效范围为[n,m]
131:      foody = rand() % (DOWN_WALL - 1 + 1 - 1) + 1;  //foody 的有效范围为[1,DOWN_WALL-1]
132:      foodx = rand() % (RIGHT_WALL - 2 + 1 - 3) + 3;  /* foodx 的有效范围为[3,RIGHT_WALL
-2],注意 x 是以 2 为单位的*/
133:      if (foodx %2 ==0)
134:        break;
135:    }
136:    p=head;
137:    while (1)
138:    {
139:      if (p->x==foodx && p->y==foody)  //若生成坐标和蛇重叠了,回到生成坐标循环
140:      {
141:        goto flag;
142:      }
143:      if (p->next==NULL)  //与每一段蛇身比较完毕,跳出循环
144:      {
145:        break;
146:      }
147:      p=p->next;
148:    }
```

```
149:    SetPos(foodx, foody);
150:    printf("■");  //显示食物
151: }
152: void PlayGame()  //贪吃蛇移动,暂停
153: {
154:    int mv_ret=0;  //移动后的返回值,如果撞墙,或咬到自己设置为 1
155: key='d';  //刚开始,贪吃蛇默认向右移动
156: while (1)
157:    {
158:       /*GetAsyncKeyState(VK_UP) 判断 VK_UP 按键的状态,若是被按下,则位 15 设为 1;如抬
起,则为 0*/
159:       //所以要与上 0x8000 取出第 15 位进行判断
160:       if ((GetAsyncKeyState(VK_UP) && 0x8000) && key !='s')  /*与 key!='s',因为不能
后退*/
161:       {
162:          key='w';  //如果本来不是向下的,按下向上键,将 key 设置为 w
163:       }
164:       else if ((GetAsyncKeyState(VK_DOWN) && 0x8000) && key !='w')
165:       {
166:          key='s';
167:       }
168:       else if ((GetAsyncKeyState(VK_RIGHT) && 0x8000) && key !='a')
169:       {
170:          key='d';
171:       }
172:       else if ((GetAsyncKeyState(VK_LEFT) && 0x8000) && key !='d')
173:       {
174:          key='a';
175:       }
176:       else if (GetAsyncKeyState(VK_SPACE) && 0x8000)  //暂停/继续函数
177:       {
178:          //补上消隐的蛇尾(蛇尾还在),原因未知
179:          while (p->next !=NULL)
180:             p=p->next;
181:          SetPos(p->x, p->y);
182:          printf("■");
183:          while (1)  //暂停语句
184:          {
185:             Sleep(100);  //必要延时(消抖)Sleep(毫秒)
186:             if (GetAsyncKeyState(VK_SPACE) && 0x8000)
187:             {
188:                break;
```

```
189:          }
190:        }
191:        //擦掉补上的蛇尾
192:        SetPos(p->x, p->y);
193:        printf("  ");
194:      }
195:      else if (GetAsyncKeyState(VK_ESCAPE) && 0x8000)  /*按下 ESC 退出游戏,VK_ESCAPE
==27*/
196:      {
197:        return;
198:      }
199:      //实时刷新速度,得分每+30 分移动速度变快
200:      if (score== level && speed >10)  //判断得分
201:      {
202:        speed -=10;  //睡眠时间,改变移动速度,越少越快
203:        level +=30;  //速度变快条件变化
204:        SetPos(60, 8);
205:        printf("当前速度:%d毫秒", speed);
206:      }
207:      mv_ret=Move();  //移动蛇身
208:      if (mv_ret==1)
209:      {
210:        break;
211:      }
212:    }
213:  }
214: int Move()  //移动函数,w前,s后,a左,d右,实现移动:头部增加一格,尾部减掉一格
215: {
216:   int ret;
217:   //如果按下的不是方向键 a,s,d,w,则退出函数运行
218:   if ((key !='a') && (key !='s') && (key !='d') && (key !='w'))
219:   {
220:     return 0;
221:   }
222:   ret=IsHitWall();  //是否撞墙
223:   ret+=IsBiteYouself();  //是否咬到自己
224:   if (ret==1)
225:   {
226:     return 1;
227:   }
228:   p=(Snake *)malloc(sizeof(Snake));  //头部增加的那一格
229:   p->next =head;  //添加到头部
```

```
230:  switch (key)
231:  {
232:  case 'd':  //向右
233:    p-> x= head->x+2;  //右边
234:    p->y= head->y;
235:    break;
236:  case 'w':  //向上
237:    p->x=head->x;
238:    p->y=head->y-1;  //向上
239:    break;
240:  case 's':  //向下
241:    p->x=head->x;
242:    p->y=head->y+1;  //向下
243:    break;
244:  case 'a':  //向左
245:    p-> x=head->x-2;  //向左
246:    p->y=head->y;
247:    break;
248:  }
249:  //画出新的头部
250:  SetPos(p->x, p-> y);
251:  printf("■");
252:  head=p;  //在贪吃蛇的头部添加一个称为新的头,相当于贪吃蛇移动一格
253:             //如果移动的一格刚好是食物的位置,新增的称为蛇头,不用去掉蛇尾
254:             /*如果移动的一格不是食物的位置,新增的称为蛇头,去掉蛇尾,就是贪吃蛇移动一
格的效果*/
255:  Sleep(speed);  //移动速度的控制
256:  if (p->x==foodx && p->y==foody)  //移动的一格刚好是食物的位置
257:  {
258:    CreateFood();
259:    score+=10;
260:    SetPos(60, 7);
261:    printf("得分:%d", score);
262:  }
263:  else  //吃不到食物,头部增加一格,尾部去掉一格
264:  {
265:    //移动的一格刚好是食物的位置,新增的称为蛇头,不用去掉蛇尾
266:    while (p->next->next !=NULL)
267:      p=p->next;  //指向蛇尾前一格,因为需要释放蛇尾,节约内存
268:    SetPos(p->x, p->y);  //为什么不是 POS(p->next->x,p->next->y)?
269:    printf("  ");  //擦掉蛇尾(蛇头加一,蛇尾减一,实现移动效果)
270:    free(p->next);  //释放蛇尾
```

```
271:     p->next=NULL;
272:     p=head;  //将 p 指向 head
273:  }
274:  return 0;
275: }
276: void Welcome()  //欢迎界面
277: {
278:  SetPos(25, 8);
279:  printf("【贪吃蛇】C 语言版");
280:  SetPos(25, 11);
281:  printf("【游戏规则】");
282:  SetPos(25, 12);
283:  printf("1、不能撞墙/咬到自己");
284:  SetPos(25, 13);
285:  printf("2、按空格暂停/继续游戏");
286:  printf("\n");
287:  SetPos(30, 15);
288:  system("pause");  //暂停
289:  system("cls");  //清屏
290: }
291: void free_snake(Snake * head)  //释放资源,释放链表空间
292: {
293:     if (head==NULL || head->next==NULL)
294:     {
295:     return;
296:  }
297:  //从头部开始逐个结点释放
298:  while ((p=head) !=NULL)
299:  {
300:     head=head->next;
301:     free(p);
302:  }
303: }
```

3. 五子棋

这是一个简单的控制台 I/O 程序，通过字符输入输出的方式实现五子棋游戏界面。源码来自网络资源,修改后在 Dev-C++、CodeBlocks 环境测试通过。

示例代码：

```
001: #include<stdio.h>
002: #include<stdlib.h>
003: int main(void)
004: {
```

```
005:     int i, j;  //表示棋盘横纵坐标
006:     /***********************************************
007:     *
008:     *绘制表格需要的字符:┌┬┐├┼┤└┴┘│─●○
009:     *数组的值 0 表示黑棋,1 表示白棋,2 表示该位置没有棋
010:     *
011:     */
012:     int qipan[20][20];
013:     int color=0;  //0 表示黑棋(圆圈),1 表示白棋
014:     int iTemp=0, jTemp=0, countTemp=0;
015:     int colorFlag=0;
016:     char op;
017: again:
018:     for (i=0; i<20; i++)
019:         for (j=0; j<20; j++)
020:             qipan[i][j]=2;
021:     while (1)
022:     {
023:         printf("请输入棋子位置(棋盘大小为 20*20),如 2,2: ");
024:         scanf("%d,%d", &i, &j);
025:         if (i<1 || i>20 || j<1 || j>20)
026:         {
027:             printf("输入的位置超出了棋盘的范围,请重新输入!\n");
028:             continue;
029:         }
030:         if ((2 !=qipan[i-1][j-1]))
031:         {
032:             printf("提示:该位置已经有棋子了!\n");
033:             fflush(stdin);
034:             continue;
035:         }
036:         color=(color+1)%2;  //获取棋盘棋子属性
037:         qipan[i-1][j-1]=color;  //将该位置棋子属性给棋盘
038:         //根据棋盘对应位置属性,绘制最新状态的棋盘,一行行绘制,边缘特别处理
039:         for (i=1; i<=20; i++)
040:         {
041:             //第一行
042:             if (i==1)
043:             {
044:                 //第一列
045:                 if (qipan[i-1][0]==1)
046:                     printf("●");
047:                 if (qipan[i-1][0]==0)
```

```
048:                printf("○");
049:            if (qipan[i-1][0]==2)
050:                printf("┌");
051:            //第2~19列
052:            for (j=2; j<=19; j++)
053:            {
054:                if (qipan[i-1][j-1]==1)
055:                    printf("●");
056:                if (qipan[i-1][j-1]==0)
057:                    printf("○");
058:                if (qipan[i-1][j-1]==2)
059:                    printf("┬");
060:            }
061:            //第20列
062:            if (qipan[i-1][j-1]==1)
063:                printf("●");
064:            if (qipan[i-1][j-1]==0)
065:                printf("○");
066:            if (qipan[i-1][j-1]==2)
067:                printf("┐ ");
068:            printf("\n");
069:        }
070:        //第2~19行
071:        if (i<=19 && i>=2)
072:        {
073:            //第1列
074:            if (qipan[i-1][0]==1)
075:                printf("●");
076:            if (qipan[i-1][0]==0)
077:                printf("○");
078:            if (qipan[i-1][0]==2)
079:                printf("├");
080:            //第2~19列
081:            for (j=2; j<=19; j++)
082:            {
083:                if (qipan[i-1][j-1]==1)
084:                    printf("●");
085:                if (qipan[i-1][j-1]==0)
086:                    printf("○");
087:                if (qipan[i-1][j-1]==2)
088:                    printf("┼");
089:            }
090:            //第20列
```

```
091:                if (qipan[i-1][j-1]==1)
092:                    printf("●");
093:                if (qipan[i-1][j-1]==0)
094:                    printf("○");
095:                if (qipan[i-1][j-1]==2)
096:                    printf("┤ ");
097:                printf("\n");
098:            }
099:            //第 20 行
100:            if (i==20)
101:            {
102:                if (qipan[i-1][0]==1)
103:                    printf("●");
104:                if (qipan[i-1][0]==0)
105:                    printf("○");
106:                if (qipan[i-1][0]==2)
107:                    printf("└ ");
108:                for (j=2; j<=19; j++)
109:                {
110:                    if (qipan[i-1][j-1]==1)
111:                        printf("●");
112:                    if (qipan[i-1][j-1]==0)
113:                        printf("○");
114:                    if (qipan[i-1][j-1]==2)
115:                        printf("┴ ");
116:                }
117:                if (qipan[i-1][j-1]==1)
118:                    printf("●");
119:                if (qipan[i-1][j-1]==0)
120:                    printf("○");
121:                if (qipan[i-1][j-1]==2)
122:                    printf("┘ ");
123:                printf("\n");
124:            }
125:        }
126:        //判断输赢
127:        for (i=0; i<20; i++)
128:        {
129:            for (j=0; j<20; j++)
130:            {
131:                //count=0;
132:                //如果检测到该棋子,则检查与该棋子有关的是否可以赢
133:                if (2 !=qipan[i][j])
```

```
134:            {
135:                colorFlag=qipan[i][j];
136:                countTemp=1;
137:                iTemp=i;
138:                jTemp=j;
139:                //该棋子横向上是否可以赢
140:                while ((++jTemp<20) && (5 !=countTemp))
141:                {
142:                    if (colorFlag==qipan[i][jTemp])
143:                    {
144:                        countTemp++;
145:                        if (5==countTemp)
146:                        {
147:                            if (0==colorFlag)
148:                            {
149:                                printf("黑棋赢了！\n");
150:                            }
151:                            else if (1==colorFlag)
152:                            {
153:                                printf("白棋赢了！\n");
154:                            }
155:                            goto whileEnd;
156:                        }
157:                    }
158:                    else
159:                    {
160:                        countTemp=0;
161:                        break;
162:                    }
163:                }
164:                //纵向可以赢
165:                iTemp=i;
166:                jTemp=j;
167:                countTemp=1;
168:                while ((++iTemp<20) && (5 !=countTemp))
169:                {
170:                    if (colorFlag ==qipan[iTemp][j])
171:                    {
172:                        countTemp++;
173:                        if (5==countTemp)
174:                        {
175:                            if (0==colorFlag)
176:                            {
```

```
177:                            printf("黑棋赢了!\n");
178:                        }
179:                        else if (1==colorFlag)
180:                        {
181:                            printf("白棋赢了!\n");
182:                        }
183:                        goto whileEnd;
184:                    }
185:                }
186:                else
187:                {
188:                    countTemp=0;
189:                    break;
190:                }
191:            }
192:            //斜向,从左上到右下方向检查
193:            iTemp=i;
194:            jTemp=j;
195:            countTemp=1;
196:            while ((++iTemp<20) && (++jTemp<20) && (5 !=countTemp))
197:            {
198:                if (colorFlag==qipan[iTemp][jTemp])
199:                {
200:                    countTemp++;
201:                    if (5==countTemp)
202:                    {
203:                        if (0==colorFlag)
204:                        {
205:                            printf("黑棋赢了!\n");
206:                        }
207:                        else if (1==colorFlag)
208:                        {
209:                            printf("白棋赢了!\n");
210:                        }
211:                        goto whileEnd;
212:                    }
213:                }
214:                else
215:                {
216:                    countTemp=0;
217:                    break;
218:                }
219:            }
```

```
220:                    //斜向,从右上到左下方向检查
221:                    iTemp=i;
222:                    jTemp=j;
223:                    countTemp=1;
224:                    while ((++iTemp>=0) && (--jTemp>=0) && (5!=countTemp))
225:                    {
226:                        if (colorFlag==qipan[iTemp][jTemp])
227:                        {
228:                            countTemp++;
229:                            if (5==countTemp)
230:                            {
231:                                if (0==colorFlag)
232:                                {
233:                                    printf("黑棋赢了!\n");
234:                                }
235:                                else if (1==colorFlag)
236:                                {
237:                                    printf("白棋赢了!\n");
238:                                }
239:                                goto whileEnd;
240:                            }
241:                        }
242:                        else
243:                        {
244:                            countTemp=0;
245:                            break;
246:                        }
247:                    }
248:                }
249:            }
250:        }
251:    }
252: whileEnd:
253:    printf("重新开始,还是退出? 重新开始请按 y/Y,退出请按任意键:");
254:    fflush(stdin);
255:    op=getchar();
256:    if (('y'==op) || ('Y'==op))
257:    {
258:        system("cls");
259:        printf("已经重新开始了,请输入第一颗棋子的坐标:\n\n\n");
260:        goto again;
261:    }
262: }
```